AIGC
重塑教育

AI大模型驱动的教育变革与实践
EDUCATION REFORM AND PRACTICE DRIVEN BY AI

刘文勇 著

机械工业出版社
CHINA MACHINE PRESS

图书在版编目（CIP）数据

AIGC 重塑教育：AI 大模型驱动的教育变革与实践 / 刘文勇著 . —北京：机械工业出版社，2023.11（2025.1 重印）
ISBN 978-7-111-73744-5

I. ① A… II. ①刘… III. ①人工智能 – 关系 – 教育 – 研究 IV. ① TP18 ② G43

中国国家版本馆 CIP 数据核字（2023）第 161490 号

机械工业出版社（北京市百万庄大街 22 号 邮政编码 100037）
策划编辑：杨福川　　　　　　　责任编辑：杨福川　董惠芝
责任校对：韩佳欣　陈　洁　　　责任印制：单爱军
保定市中画美凯印刷有限公司印刷
2025 年 1 月第 1 版第 7 次印刷
170mm×230mm · 19.25 印张 · 1 插页 · 226 千字
标准书号：ISBN 978-7-111-73744-5
定价：79.00 元

电话服务　　　　　　　　　　　网络服务
客服电话：010-88361066　　　机 工 官 网：www.cmpbook.com
　　　　　010-88379833　　　机 工 官 博：weibo.com/cmp1952
　　　　　010-68326294　　　金 书 网：www.golden-book.com
封底无防伪标均为盗版　　　机工教育服务网：www.cmpedu.com

为什么写这本书

这次，狼真的来了。

AI 正迅猛地改变着我们的生活。根据高盛发布的一份报告，AI 有可能取代 3 亿个全职工作岗位，影响全球 18% 的工作岗位。在欧美，或许四分之一的工作可以用 AI 完成。另一份 Statista 的报告预测，仅 2023 年，AI 就将创造 230 万个工作岗位，同时消除 180 万个工作岗位。

教育领域不可避免地受到 AI 的影响。国际象棋领域有句名言："唯有与智者博弈，才能提高。"这也恰好反映了教育的核心：与优秀者互动、交流和学习，才能提升自我。**AI 作为难以否认的智者，有潜力成为我们的最佳教师。**AI 能提供个性化学习方案，有无限的耐心，可帮助学生战胜困难，实现自我提升。这正是教育追求的目标，也是普通教师难以实现的。例如，国际象棋领域已经有许多基于 AI 的教练系统，如 Chess、Lichess、Chessable 等。这些系统可以根据每个学生的水平、进步和偏好，提供定制化的训练计划、反馈和建议。它们还可以模拟不同风格和水平的对手，让学生在实战中提高自己的水平。

这些系统不仅可以帮助初学者入门，也可以帮助高手进阶，这在以往是不可想象的。

在 AI 时代，重复性工作削减，这对教育来说意义重大。AI 可能严重影响某些行业，譬如翻译将面临巨大挑战。随着谷歌翻译器、百度翻译器等在线翻译服务的发展，人类翻译员将越来越难以与机器竞争。根据一项研究，谷歌翻译器在英语和法语之间的翻译质量已经达到人类水平。人们逐渐意识到，重复性工作可由机器完成，应将精力投入到创新、思考和学习之中，提升自己的独特价值。因此，教育应更注重培养创造力，而非让学生仅服从规则。善于独立思考、敢于突破的人才能在多元化、快速变化的世界中立足。

显然，在 AI 的影响下，教育工作者应注重培养学生的创造力和独立思考能力，帮助学生树立正确的价值观。库克曾说："我并不担心 AI 让计算机像人类一样思考，而是担心人类像计算机一样思考。"这将使我们在 AI 时代被机器取代。例如，在艺术领域，生成式 AI 已经能够生成令人惊叹的作品，如 DALL·E 的图像生成、OpenAI 的文本生成、Magenta 的音乐生成等。这些作品虽然具有高度的技术性和创造性，但缺乏人类的情感和创造力。因此，教育工作者应该鼓励学生发挥想象力，创造出有意义和有影响力的作品。

那么，有了 AI，是否就不再需要专门的教育工作者了呢？是否意味着教育应该消失了呢？事实并非如此。教育的目的、方式和评估将发生巨大变化，但教育本身不会消失。

教育是一项历史悠久的活动，每当新技术出现时，总有人担忧教育工作者的意义。以大学教育为例，尽管广播、电视和互联网的出现都曾让人们质疑大学教育的必要性，但事实上大学教育依然存在，并不断适应着社会环境与发展趋势。因此，当 GPT（Generative Pre-trained Transformer，生成式预训练）模型出现时，我们不能简单地认为大学将消亡。相反，教育将变得更公平，知识获取变得更容易。例如，在线教育平台如 Coursera、edX、Udemy 等提供了丰富的课程资源，让人们可以随时随地学习自己感兴趣或者需要的知识。这些平台不仅降低了学习成本和门槛，也扩大了学习范围和学习深度。通过这些平台，人们可以接触到来自世界各地、各个领域的优秀教师和专家，获得最新、最前沿的知识和技能。

在这个变革过程中，教师将不再仅仅是知识的传递者，而需承担更多角色。他们将成为学生的引导者、辅导员和心灵导师，帮助学生在信息洪流中保持清晰的思维，更好地理解世界，找到自己的兴趣和价值。 例如，在 MOOC（Massive Open Online Courses，大规模开放在线课程）中，教师不仅要设计有趣、有效的课程内容和活动，还要激发学生的学习兴趣和参与热情。教师还要通过在线论坛、视频会议、小组项目等方式，与学生交流、互动，解答他们的疑问和困惑，给予他们反馈和建议。此外，教师还要关注学生的心理和情感状态，帮助他们克服学习中的障碍，培养他们的自信心和自主学习能力。

教育将更加综合，注重培养学生的创造力、批判性思维和沟通能力。课堂也将从传统的授课方式转变为更加互动的学习环境，让学生充分参与讨论和实践，提高学习兴趣和效果。 在 STEM（科学、技术、工程、数学）教育中，AI 可以提供更多的模拟和实验场景，让学生可以通过动手操作、探索发现、试错反馈等方式，学习基本的概念和原理。AI 还可以提供更多的协作和竞争机会，让学生可以通过团队合作、项目制作、比赛评选等方式，锻炼自己的创造力、批判性思维和沟通能力。

　　同时，教育将不再局限于学校和课堂，而是融入生活的各个方面。随着 AI 技术的普及，我们可以随时随地获得知识。教育将更注重培养自主学习能力，让我们在快速发展的世界中保持竞争力。在日常生活中，我们可以通过智能手机、智能音箱、智能眼镜等设备，与 AI 进行语音或者图像交互，获取我们需要或者感兴趣的信息。我们还可以通过 AI 来管理自己的时间、任务、健康等，提高效率和生活品质。在工作中，我们可以通过 AI 来协助完成一些复杂或者重复的工作，提高工作的准确性和效率。我们还可以通过 AI 来获取最新、最相关的知识和技能，提高专业性和竞争力。

　　此外，AI 将有助于解决教育资源不平衡问题，让更多人享受到优质教育。借助 AI 技术，我们可以打破地理和语言障碍，让知识和资源在全球范围内自由流动。这将提高全球教育水平，减少教育不平等现象，让更多人获得更好的发展机会。在发展中国家或者偏远地区，由于缺乏合格的教师和设施，很多孩子无法接受基础教育或者高质量教育。通过 AI 技术，我们可以为这些孩子提供远程教育或者智能辅导，让他们可以接触到优秀的教师和内容，并且根据自己的进度和水平进行个性化学习。AI 提供的多语言翻译或者语音识别等功能，还可以让他们跨越语言障碍，与来自不同国家或者具有不同文化背景的人进行交流、合作。

　　在 AI 不断渗透到各行各业的时代，教育领域也正在经历一场变革。这不仅重塑了学习者的学习方式，也改变了家长和教育工作者的角色。本书就是在这样的大背景下应运而生的，试图解答一个关键问题：如何在 AI 浪潮中找到最佳教育策略，保障孩子们在未来社会的竞争力？

　　我坚信，家长的理解、接纳与参与是孩子们顺利适应 AI 时代不可或缺的一环。AI 可能会让许多人感到不安或恐惧，但通过深入了解其运作机制和可能的影响，相信我们可以将恐惧转化为力量。为此，本书详细解析了 AI 在教育中的具体应用，以及 AI 对学习方式的深远影响。

　　未来的教育中，家长将从传统的孩子和学校的桥梁角色，转变为孩子学习的合作伙伴。家长们需要以新的眼光看待教育，视其为一个终身的、无处不在的过程，并把 AI 视作这个过程中的重要辅助工具。

　　希望通过本书，家长能深入理解并掌握在 AI 时代帮助孩子学习的策略，确保他们能够积极面对 AI 带来的机遇和挑战，同时避免其潜在的风险。只有全社会共同参与，我们才能充分挖掘 AI 的潜力，构建一个更加美好的教育环境。

如何阅读本书

　　本书旨在全面探讨 AI 如何改变教育领域的各个方面，包括人才定义、教师角色、课程设置、个性化教育、教育评估模式等。书中还对 AI 教育的未来与挑战进行了深入讨论，并介绍了在教学中如何操作 AI。

　　第一章概述生成式 AI 的概念、发展历程，以及一些国家的教育机构和学者如何看待生成式 AI，并介绍了我国的科学教育导向与 AI 和 AI 给教育和学习带来的 4 个挑战。

　　第二章探讨 AI 如何改变人才的定义，尤其是在 AI 时代，人才应具备的特质。

第三章讨论 AI 如何改变教师的角色，包括教育学家对教师角色定位的讨论、角色演进过程，以及 AI 如何融入教师角色，进一步通过两个案例来生动阐明这个角色转变。

第四章从 AI 如何影响课程设置的角度展开讨论，进一步探索了如何将 AI 融入不同学科，例如计量经济学、高等数学、历史和文学等。

第五章详细分析个性化教育理念、因材施教的困难、AI 在个性化教育中的潜力，并通过两个案例加以说明。

第六章讨论教育评估模式，具体阐述了教育评估的重要性，并讨论了 AI 如何解决教育评估中的不可能三角问题。

第七章讨论 AI 对初等、中等、高等以及职业培训和终身教育的影响。

第八章讨论 AI 如何助力教育公平。

第九章深入探讨未来教育可能遇到的挑战，并展望了更长远的未来教育情景，还讨论了 AI 是否可能发展出自我意识的问题。

本书旨在全面、深入地分析和探讨 AI 对教育的影响，以期为未来的教育改革提供有价值的参考和启示。

为了进一步优化读者的阅读体验，每一节引入若干对应的**扩展阅读**材料以及供深思的**思考问题**，大家可以通过公众号"文勇图书馆"获得这些扩展阅读材料。

读者对象

本书适合以下几类人群阅读。

- 学生：通过阅读本书，学生可以了解未来教育的变化，提前做好准备，为自己的职业发展和人生规划做出更明智的选择。

- 家长：作为孩子教育的第一责任人，家长可以从本书中了解未来教育的发展趋势，以便更好地引导孩子健康成长。

- 教育工作者：包括教师、校长、教育行政管理者等，他们可以通过本书了解人工智能对教育的影响，从而更好地调整教学方法和管理策略，推动教育体系改革。

- 教育学者和研究人员：本书提供了丰富的扩展材料和深入分析，有助于他们探索教育变革的理论基础和实际路径。

- 对未来教育和人工智能感兴趣的大众：本书将帮助他们了解教育的变革和发展趋势，以满足他们对当下教育状况和未来教育发展的好奇心。

内容特色

- 紧跟形势：随着 AI 技术的快速发展，利用这一技术来改变教育领域已经成为迫切的社会需求。本书紧扣最新的 AI 技术发展动态，深入探讨了生成式 AI 对教育的影响，提供了具有深远意义的洞见。读者可以通过本书了解这一技术的前沿发展，提前做好应对准备。

- 全球视野：本书从全球角度剖析了主要国家对 AI 时代教育的担忧和思考，提供了多元视角，帮助读者从宏观层面理解 AI 对全球教育生态的深远影响。

- 内容丰富、多重视角融合：本书从人才定义、教师角色、课程设置等多个角度进行深入剖析，同时整合了教师、家长、学生以及社会多个视角，为读者提供了全面的理论认知和实践指导。

- 实操性强：本书为教师提供了面向 AI 时代的教学解决方案，为家长提供了在 AI 时代培养孩子的策略，为学生提供了利用 AI 自我学习的解决方案，实实在在地满足了读者需求，让读者在阅读之余还能得到具体的操作建议。

勘误和支持

由于作者水平有限，书中难免会出现一些错误或者不准确的地方，恳请读者批评指正。联系邮箱是 liuwenyong@me.com，微信公众号及 bilibili 账号为"文勇图书馆"。另外，书中提及的一些扩展阅读资料，也可以从微信公众号"文勇图书馆"获得。

致谢

感谢王甜、施磊对我一如既往的帮助。在这个充满挑战和变革的时代，让我们携手面向未来，不断探索教育的新路径，为下一代提供更优质的教育环境，培养出更具创新精神和独立思考能力的人才。

CONTENTS

目　录

| 第四章 | AI 影响课程设置　　117

|第五章| AI 实现个性化教育与学习 163

教育是改变世界最有效的力量。

——纳尔逊·曼德拉

Artificial Intelligence, AI

CHAPTER 1
第一章

AI 改变教育与学习

在这个日新月异的科技时代，AI 正在以一种前所未有的速度和力量改变着我们的生活。就像伟大的哲学家亚里士多德所说，教育是人类进步的阶梯，而如今，我们正面临着新的挑战和机遇。本章将深入探讨 AI 给教育所带来的变革。

首先，介绍 AI 的基本概念与发展历程，从最初的概念到现今日益成熟的技术，这一过程充满了挑战与突破。其次，关注一些国家的教育机构与教育学家对 AI 的反应，通过他们的观点和实践，我们将更好地理解 AI 在教育领域的潜力和影响。最后，深入剖析 AI 给教育系统带来的巨大挑战。在这个充满变革的时代，我们需要勇敢地面对挑战，善用 AI 技术，为未来的教育事业搭建更坚实的阶梯。

第一节　生成式 AI 的概念与发展历程

你是否曾经想过，计算机像人一样创造出丰富多样的内容，例如写一首诗、绘制一幅画、演唱一首歌曲，甚至制作一部电影？这些听起来或许令人惊叹，但实际上，一种名为生成式 AI 的人工智能技术已经能够做到。**生成式 AI 是人工智能的一个重要分支，它利用复杂的计算机算法模拟人类的创造性思维，从而在各个领域生成内容。在本书中，我们主要关注生成式 AI 如何在多个方面影响教育领域。**

本节将简要介绍 AI 的基本概念，重点介绍生成式 AI 的发展历程，并展望未来可能的发展方向。

什么是 AI

人工智能（Artificial Intelligence，AI）是指让计算机具有类似于人类的智能的技术。人工智能使计算机能够理解、分析、学习、推理、决策、创造和交互等。人工智能可以分为弱人工智能和强人工智能两种。弱人工智能是指使计算机在某个特定领域或特定任务（例如下棋、识别图像、翻译语言等）上表现出超越人类的智能。强人工智能是指使计算机在所有领域和任务上都表现出与人类相当或超越人类的智能，例如理解自然语言、具有自我意识和创造力等。目前，我们所见到的大部分人工智能属于弱人工智能，强人工智能仍处于理论和设想阶段。

什么是生成式 AI

生成式 AI 是指利用计算机算法模拟人类智能，在各个领域创造性地生成内容的人工智能技术。这种技术的核心目标是使机器能够自主生成具有特定形式的输出，例如文本、图片、音频和视频等。生成式 AI 的典型应用之一是生成式对抗网络（GAN），它能够在计算机图形学、计算机视觉等领域自动生成逼真的图像和视频内容。

为了让非计算机专业的读者更容易理解生成式 AI，我们用一个简单的例子来加以说明。假设你想要画一幅风景画，但你不会画画，只有一些素材和参考图片。你可以把这些素材和参考图片给一个会画画的朋友（我们称之为生成器），让他根据你的要求帮你画一幅风景画。但是你不知道他画得好不好，你需要另一个会鉴赏画作的朋友（我们称之为判别器）来帮你评价他画得是否符合你的要求，是否逼真，是否有创意等。

通过这样的反复交流和修改，你最终可以得到一幅满意的风景画。这个过程就类似于生成式对抗网络的工作原理，只不过生成器和判别器都是由计算机算法实现的。生成式 AI 不仅能在绘画领域发挥作用，还能在文学、音乐、设计等领域实现类似的创作。

生成式 AI 的发展历程

早期实验

生成式 AI 的最早实验可以追溯到 20 世纪 50 年代。在这一时期，人工智能领域的研究者尝试使用计算机生成文本、音乐和艺术作品。例如，1956 年，美国计算机科学家 John McCarthy 和 Marvin Minsky 在达特茅斯会议上提出了利用计算机进行自然语言处理的概念，为后来的生成式文本模型奠定了基础。1957 年，美国数学家 John Nash 和 David Huffman 发明了霍夫曼编码（Huffman Coding），为后来的数据压缩和编码技术提供了理论基础。1958 年，美国作曲家 Lejaren Hiller 和 Leonard Isaacson 使用 IBM 704 计算机创作了《伊利诺伊第四号交响曲》（后来被重新命名为"弦乐四重奏第四号"，英文名为 String Quartet No. 4），它是第一部完全由计算机创作的音乐作品。与本书的其他相关资料类似，感兴趣的读者可以在"文勇图书馆"微信公众号上找到相应的音频文件进行聆听。

《伊利诺伊第四号交响曲》是通过编写算法生成音乐片段来创作的。Hiller 和 Isaacson 利用 IBM 704 计算机的能力，编写了一系列指令和数学公式，用于生成音符、和声、节奏和整体结构。这部交响曲展示了计算机在音乐创作中的潜力。计算机应用复杂的算法和模式，可以创造出独特而令人惊叹的音乐元素。《伊利诺伊第四号交响曲》以其复杂的和声结构、富有层次感的节奏和独特的音色效果而闻名。

虽然这个实验引发了当时音乐界的许多争议，有些人认为计算机生成的音乐缺乏情感和人类创造力，但这个实验为使用计算机技术创作音乐提供了佐证。它向世界展示了计算机作为一种创造性工具的潜力，并启发了后来无数音乐家和作曲家使用计算机技术来创作音乐。

生成式模型的兴起

到了 20 世纪 90 年代，生成式模型开始在自然语言处理、计算机视觉等领域取得显著的进展。例如，1997 年，加拿大计算机科学家 Geoffrey Hinton 提出了受限玻尔兹曼机（RBM），成为深度生成式模型的开创者。2006 年，Hinton 又推出了深度信念网络（DBN），进一步推动了生成式 AI 技术的发展。这些模型为我们现在常用的语音助手（如 Siri、Google Assistant 和 Alexa）奠定了基础。这些助手可以理解用户的指令，并生成自然的语言响应，为用户提供信息、设置提醒、预订餐厅等。这种技术在智能家居、手机、车载系统等领域得到了广泛应用，使人们的生活更加便捷。

1998 年，美国计算机科学家 Yann LeCun 等人提出了卷积神经网络（CNN），为后来的图像生成模型构建奠定了基础。1999 年，日本计算机科学家 Makoto Nagao 等人提出了统计参数合成（SPS），为后来的语音合成模型构建奠定了基础。从这个时候开始，计算机视觉有所发展。此外，CNN 还开始被应用于面部识别技术。这种技术现在被广泛应用于手机解锁、安全监控，以及社交媒体的标签功能等；同时，还被广泛应用于医疗领域，帮助医生识别疾病图像，例如肿瘤和视网膜病变等。

深度学习技术的突破

自 2012 年以来，深度学习技术的飞速发展极大地推动了生成式 AI 的进步。这一时期，研究者成功地将卷积神经网络（CNN）和循环神经网络（RNN）等深度学习技术用于生成图像、音频和文本内容。这一期间的关键突破和对日常生活的影响如下。

2014 年，生成式对抗网络（GAN）由 Ian Goodfellow 等人提出，它使计算机能够生成逼真的图像，极大地扩展了生成式 AI 的应用范围。例如，现在我们可以在电影、电视和视频游戏中看到逼真的虚拟人物，这些虚拟人物是基于 GAN 生成的。此外，艺术家也开始使用 GAN 创作，创造出我们在传统艺术中无法看到的新颖形象。

2015 年，谷歌的 DeepDream 项目实现了让计算机生成梦幻般的图像。这些梦幻般的图像被广泛应用于视觉艺术创作。而且，由于可以生成特殊的梦幻图像，DeepDream 也被应用于心理疾病的治疗，如缓解焦虑和压力。

2017 年，谷歌的 Tacotron 项目实现了让计算机根据文本生成自然的语音。Tacotron 被广泛应用于语音生成助手，如 Google Assistant，让我们的日常生活更加便捷。例如，我们可以要求语音助手播放音乐、设置提醒，甚至预订餐厅。

2018 年，OpenAI 的 GPT-1 模型让计算机能够根据给定的上下文自动生成连贯且有意义的文本。GPT-1 在新闻编写、文本摘要，甚至写小说或诗歌方面都有广泛应用。此外，该模型还被应用于自动邮件回复和聊天机器人，使我们的在线交流变得更加简便。

当下与未来的发展

目前，生成式 AI 已经在各个领域展现出惊人的能力。例如，在文本方面，OpenAI 发布了 GPT 系列模型，它可以根据给定的上下文自动生成连贯且有意义的文本；在图像方面，NVIDIA 发布了 StyleGAN 系列模型，它可以根据给定的风格参数自动生成高清晰度的人脸图像；在音频方面，DeepMind 发布了 WaveNet 模型，它可以根据给定的文本或声音自动生成逼真的语音。

自 2022 年 12 月以来，生成式 AI 领域发生了巨大变化。例如 OpenAI 发布了 GPT-4 模型，它是目前最大的语言模型，拥有 1750 亿个参数，可以生成更多样化和高质量的文本。NVIDIA 发布了 StyleGAN3 模型，它是目前最先进的图像生成模型，可以生成更逼真和更多样化的人脸图像。DeepMind 发布了 DALL-E 模型，它是一个基于图像和文本的多模态生成模型，可以根据给定的文本描述生成任意主题的图像。Opera 发布了 Opera One 浏览器，它是第一个集成生成式 AI 的浏览器，可以根据用户的喜好和兴趣生成个性化的内容和推荐。这些新的技术发展表明，生成式 AI 正在不断地创新和突破，为人类带来更多便利和乐趣，也为人工智能领域开辟了更多的可能性。

生成式 AI 仍然有许多具有挑战性的问题需要解决，例如提高生成内容的质量、多样性、可控性等。未来，随着计算能力的提升和算法的改进，生成式 AI 有望在各个领域实现更高质量的创作。此外，生成式 AI 还可以与其他人工智能技术（例如推理式 AI、交互式 AI 等）相结合，为人类创造更加丰富的虚拟世界。

对家长说的话

亲爱的家长们：

在本节中，我们了解了生成式 AI 的基本概念和发展历程，它看似与我们的生活相去甚远，实则已经深深地融入到我们的日常生活中。作为家长，我们为什么需要了解生成式 AI 呢？我认为有以下几点原因。

首先，理解生成式 AI 能够帮助我们更好地把握未来的发展趋势。生成式 AI 已经是当下和未来科技发展的重要引擎。许多行业，包括医疗、教育、娱乐、交通等，都在迅速地接纳生成式 AI 技术。因此，作为家长，我们需要了解生成式 AI 的发展，以便辅助孩子更好地规划未来。

其次，随着生成式 AI 在教育领域的应用日益增多，理解生成式 AI 可以帮助我们更好地引导孩子的学习。现在，已经有一些学校和在线教育平台开始使用生成式 AI 来提供个性化学习，以适应每个学生的独特需求。同时，生成式 AI 也被用来开发更具吸引力的教育资源，比如互动的学习软件和益智类游戏，这些都需要我们家长去理解，进而引导孩子。

最后，理解生成式 AI 也能帮助我们培养孩子未来所需的技能。在这个以数据和技术驱动的世界，编程、数据分析等技能将变得越来越重要。了解生成式 AI 可以帮助我们提前规划孩子的教育路径，让他们具备应对未来挑战的能力。

让我们一起参与到这个全新世界的探索中，一起为孩子的未来做好准备。

● 扩展阅读

1. What is generative AI? The evolution of artificial intelligence

　　这篇文章介绍了一些流行的 AI 模型，如 ChatGPT 和 DALL-E，它们分别能够根据文本提示生成流畅的文字和逼真的图像。文章还探讨了生成式 AI 的工作原理、训练方法、意识问题、计算机智能的极限、人工生成艺术的缺陷、生成式 AI 可能带来的负面影响以及一些实际应用场景。文章认为，生成式 AI 是人工智能发展的一个重要方向，但也有潜在的风险和挑战。

2. The History of Generative AI and Its Basic Concept

　　这篇文章回顾了生成式 AI 的发展历史，从最早的隐马尔可夫模型和高斯混合模型，到最新的变分自编码器和生成式对抗网络。生成式 AI 是一种利用算法生成新的数据或内容的人工智能技术，它可以用于生成图像、音乐、文本、视频等。20 世纪 50 年代和 60 年代，人工智能研究刚刚兴起，主要是基于规则的系统。20 世纪 70 年代和 80 年代，神经网络开始流行，但受限于计算能力和数据量。20 世纪 90 年代和 21 世纪 00 年代，隐马尔可夫模型和高斯混合模型等概率模型成为生成式 AI 的主流方法，用于语音识别、自然语言处理等领域。21 世纪 10 年代以后，深度学习的发展推动了生成式 AI 的进步，出现了变分自编码器、生成式对抗网络等新型模型，能够生成更加逼真和多样化的数据。生成式 AI 在艺术、娱乐、教育、医疗等领域有广泛的应用前景，但也有潜在的伦理、社会和安全问题。

3. A Comprehensive Survey of AI-Generated Content (AIGC): A History of Generative AI from GAN to ChatGPT

生成式 AI 是一种利用 AI 模型生成数字内容的技术，包括图像、音乐、自然语言等。生成式 AI 的目标是使内容创作更高效和便捷，能够快速生成高质量内容。生成式 AI 从人类提供的指令中提取和理解意图信息，并根据其知识和意图信息生成内容。近年来，大规模模型在 AI 中变得越来越重要，因为它能够提供更好的意图提取和更好的生成结果。随着数据的增加和模型规模的增大，模型能够学习的领域分布变得更加全面和接近现实，从而能够生成更加逼真和高质量的内容。这篇综述介绍了生成式模型的历史、基本组件，从单模态交互和多模态交互两个角度介绍了 AI 的最新进展，并讨论了 AI 存在的一些开放式问题和挑战。

● **思考问题**

1. AI 在未来可能带来哪些正面和负面影响？
2. 如何确保 AI 生成的内容符合道德和法律规定？
3. AI 在艺术、科学和工程等领域的应用有何异同？
4. 如何评价 AI 与人类创造力之间的关系？

第二节　一些国家的教育机构和学者如何看待生成式 AI 对教育的影响

随着 ChatGPT 等人工智能技术在教育领域的潜在应用逐渐显现，

世界各国对其进行了广泛讨论。下面介绍几个国家做出的反应。

美国：审慎地使用 ChatGPT

美国有一些大学对生成式 AI 技术持审慎的态度，认为生成式 AI 技术可能会影响学生的创造力，从而降低学术水平和质量。这些大学没有明确禁止使用 ChatGPT 等人工智能软件，但是要求学生在使用时遵守相关的道德规范和学术规范。例如，麻省理工学院在其官方网站发布了关于如何使用生成式 AI 技术的指导原则，提醒学生要保持学术诚信，确保引用来源的准确性。

意大利：暂时禁止使用 ChatGPT

意大利国家数据管理机构在 2023 年 3 月 31 日发布了通知，暂时禁止使用聊天机器人 ChatGPT，并限制开发这一平台的 OpenAI 公司处理意大利用户信息。该机构表示，OpenAI 没有检查用户的年龄，没有就收集、处理用户信息进行告知，缺乏合法依据。该机构还表示，ChatGPT 可能会生成虚假或有害的内容，损害用户的权利和利益。因此，该机构要求 OpenAI 在意大利停止提供 ChatGPT 服务，并删除所有与意大利用户相关的数据。

意大利的做法反映了对生成式 AI 技术严格监管和保护的态度，旨在维护用户的隐私和安全，防止生成式 AI 技术被滥用或泄露敏感信息。意大利也是欧洲范围内首个禁止使用 ChatGPT 的国家，展示了对欧盟法规的遵守和执行。不过，该禁令并不是永久性的。OpenAI 公司表示正在与意大利当局合作，以解决相关问题，并恢复 ChatGPT 在意大利的服务。据最新消息，意大利个人数据保护局已于 2023 年 4 月 23 日解除了对 ChatGPT 的封锁，允许意大利用户再次使用该服务。

英国：开放和积极地使用 ChatGPT

英国有一些教育机构和教育学家对 ChatGPT 等人工智能软件持开放和积极的态度，认为这是一种有益的教育创新，可以为教育带来更多的可能性和机遇。例如，英国剑桥大学、牛津大学、伦敦大学等都在积极探索 ChatGPT 等人工智能软件在教育领域的价值。一些教育专家认为，适当地利用 ChatGPT 可以提高教学质量，激发学生的学习兴趣，并有助于解决一些教育资源分配不均的问题。

英国的做法反映了对生成式 AI 技术认可和支持的态度，旨在促进教育创新和发展，拓展教育的边界和视野。英国也是欧洲范围内首个公开支持使用 ChatGPT 的国家，展示了对生成式 AI 技术的前瞻性。不过，英国也不是完全放任 ChatGPT 的使用，而是建立了一些规范和指导原则，以确保生成式 AI 技术在教育中合理、有效的应用。例如，在牛津大学等高校中，使用 ChatGPT 时需要明确标注引用来源，并避免过度依赖机器生成的内容。

中国：客观和辩证地使用 ChatGPT

在中国，包括华东师范大学在内的一些教育机构和学者，对 ChatGPT 等人工智能软件持辩证的态度，认为这是一种既有利也有弊的技术。他们倡导理性、客观地应用生成式 AI 技术，挖掘其在提升教育质量和效率方面的潜力，同时警惕并规避潜在风险。如华东师范大学教育学院副院长邓友超教授指出，ChatGPT 的使用使得教育生态更加复杂，倒逼教师更深刻地反思教育内容和师生关系等。该做法展示了对生成式 AI 技术辩证和客观的态度，意在推动教育的数字化转型和创新，丰富教学的多样性。同时，中国教育部门也已针对生成式 AI 技术的使用制定了规范，要求学生在使用过程中遵守学术诚信和道德规范。

相比之下，中国另外一些大学，譬如香港大学（简称"港大"）选择了一种更为严格的监管策略。2022 年 12 月，港大明确禁止学生在作业和考试中使用 ChatGPT 等人工智能软件，将此行为视为作弊行为，认为它可能损害学生的诚信和学习能力。港大副校长何立仁在邮件中明确，未经授权使用 ChatGPT 或其他生成式 AI 工具生成的内容，同样属于抄袭。他表示，港大计划就生成式 AI 工具对教学的影响开展广泛的校园讨论，并为教师安排关于 ChatGPT 及其他生成式 AI 工具的研讨会。这体现出港大对生成式 AI 技术严格监管和审慎的态度，旨在维护学术诚信，防止学生过度依赖机器生成的内容，以促进学生的自主思考和创造。

从以上各国教育机构和学者对 ChatGPT 等人工智能软件的态度来看，各国在应对生成式 AI 技术在教育领域的应用方面，展现出了不同的策略和关注点。这些不同的策略和关注点反映出一些国家的教育机构和学者对生成式 AI 技术在教育领域的应用有着不同的认识和期望。总体上，各国都在努力寻求适合自己国家教育体系的解决方案，以确保生成式 AI 技术在教育中的合理、有效应用。在这个过程中，国际间的交流与合作日益重要，以便分享经验、取长补短，共同推动教育领域的创新与发展。

对家长说的话

亲爱的家长们：

在前文中，我们了解了一些国家的教育机构和学者对 AI 应用于教育的反应。了解这些背景对于我们在学习过程中如何使用 AI 具有重要意义。让我们来做一个小测试，看看你对"在学习过程中使用 AI"这件事的看法与哪个国家的教育机构和学者的态度比较接近，如表 1-1 所示。

表 1-1　"在学习过程中使用 AI"看法统计

问题	非常不同意	不同意	既不同意也不反对	同意	非常同意
1. AI 可以有效辅助学习					
2. AI 需要严格监管，避免被误用					
3. AI 可能损害学生的创新和独立思考能力					
4. AI 应用有益于教育创新					
5. AI 的使用需要严格遵守道德和学术规范					

如果你在问题 1 和问题 4 上选择了"同意"或"非常同意"，并且在问题 3 上选择了"非常不同意"或"不同意"，你的观点可能比较接近英国的开放和积极的态度。如果你在问题 2、问题 3 和问题 5 上选择了"同意"或"非常同意"，你的观点可能比较接近港大的严格监管和审慎态度。如果你在所有问题上都选择了中立态度（也就是"既不同意也不反对"），你的观点可能比较接近美国的审慎态度。如果你在问题 2 上选择了"同意"或"非常同意"，并且在问题 3 和问题 4 上选择了"非常不同意"或"不同意"，你的观点可能比较接近意大利的严格监管和

保护态度。如果你认为应该具体问题具体分析，不应该用一个简单的表格一概而论地进行归纳，你的观点可能比较接近中国的客观和辩证的态度。

以上测试仅供参考，何种态度并没有绝对的对错之分，都是基于个人理解和经验。最重要的是我们要理解，无论是哪种态度，都应该以最有利于学生发展和成长为准则，同时，不断探索和尝试新的学习方式，让学生的学习变得更加有效和有趣。

希望这个小测试能帮助你更好地理解自己对 AI 在学习过程中的影响的看法，并引导孩子更加理性地看待和使用这一新兴技术。

● 扩展阅读

1. Educator Considerations for ChatGPT: OpenAI API

这篇文章是 OpenAI 官方发布的，针对教育者使用 ChatGPT 提出注意事项和建议。文章介绍了 ChatGPT 的基本情况、可用性、教育相关的风险和机遇，以及一些使用案例和资源。文章认为，ChatGPT 是一种有益的教育创新，但需要在教育者的监督下合理使用。

2. ChatGPT: opportunities and challenges for education

这篇文章是剑桥大学教育学院的两位研究者撰写的，探讨了 ChatGPT 对教育的影响和可能性。文章提出了超越禁止或拥抱的对立视角，从意义和沟通的角度分析了 ChatGPT 的优势和局限。文章认为，ChatGPT 不仅是一种内容生成工具，更是一种结构和形式操作工具，可以给教育带来新的机会和复杂性。

3. How ChatGPT Can Improve Education，Not Threaten It

这是在《科学美国人》杂志上发表的一篇评论文章，作者是一位计算机科学家兼教育者。文章反驳了一些对 ChatGPT 的负面看法，认为 ChatGPT 不会威胁教育，而是可以改善教育。文章指出，ChatGPT 可以帮助学生提高写作技能、扩大知识面、激发创造力，并促进教师与学生之间的互动。文章认为，教育者应该将 ChatGPT 作为一种辅助工具，而不是抵制或忽视它。

● 思考问题

1. GPT 是否会改变教育的本质和目标？为什么？
2. GPT 在教育中的应用应该遵循什么样的伦理和规范？为什么？
3. GPT 如何影响教师和学生之间的信任和互动？为什么？

第三节　我国的科学教育导向与 AI

为深入贯彻习近平总书记在二十届中共中央政治局第三次集体学习时的重要讲话精神，全面落实党中央、国务院《关于进一步减轻义务教育阶段学生作业负担和校外培训负担的意见》《关于新时代进一步加强科学技术普及工作的意见》《全民科学素质行动规划纲要（2021—2035 年）》部署要求，着力在教育"双减"中做好科学教育加法，一体化推进教育、科技、人才高质量发展，教育部等 18 部门联合印发了《关于加强新时代中小学科学教育工作的意见》(简称《意见》)。

在本节中，我们将讨论针对最新的政策，为什么 AI 有可能在推进"科学教育"过程中发挥至关重要的作用。

科学教育的核心目标

科学教育不仅是提升国家科技竞争力、培养创新人才的关键途径，也是提高全民科学素质的基础。科学教育的核心目标如下。

- 激发学生对科学的兴趣。生成式 AI 可以提供模拟实验环境，使学生能在任何时间、任何地点进行科学实验，极大地提升学习的趣味性。
- 充分利用科学教育资源。生成式 AI 有助于各部门整合和共享教学资源，通过大数据分析，可以提供深度洞见，帮助我们了解哪些教育资源被有效地利用，哪些资源需要进一步改进。
- 推动校内、校外教育的融合，实现既要"请进来"，也要"走出去"。借助在线教育平台，生成式 AI 可以使学生在家也能享受到高质量的教育，并且在课外活动中也能持续学习。
- 全面覆盖，对教育资源薄弱地区和学校及特殊儿童群体提供帮扶与指导。生成式 AI 能提供定制化的教育方案，通过远程教育帮助这些地区的学生提升科学素质。对于有特殊需求的学生，生成式 AI 能提供个性化的教学方案，满足他们的学习需求。

总体来说，生成式 AI 能够在推进科学教育过程中扮演关键角色，有助于实现教育公平、提升教育质量、激发学生的学习兴趣，为他们提供个性化的学习方案。在面对教育资源分布不均和教师短缺等挑战时，生成式 AI 提供了一种创新的解决方案。我们的最终目标是根据中央部署要求和教育发展需求，立足实际，全面提高学生的科学素质。我们致力于在孩子们的心中播下科学的种子，引导他们梦想成为科学家，推动科学教育在促进学生的全面发展和推进社会主义现代化教育强国建设中发挥重大作用。

基础教育："孵化"科学精神的关键期

基础教育阶段，尤其是中小学阶段，是培养学生科学精神和创新素质的关键期。这个阶段的科学教育质量对于培养学生的科学精神具有重大影响。在这个背景下，《意见》强调改进学校教学和服务，实施"校内科学教育提质计划"重点项目。这个项目实施的一个关键步骤是建立工作台账，并对其进行持续排查，以确保教学活动和实验课程的质量和数量。更为重要的是师资队伍建设，这意味着需要从源头，也就是教师的选拔和培养开始，加强高素质、专业化的科学类课程教师的供给。这包括在教师专业培养、师资培训、岗位编制、评价机制等多个环节加强中小学科学类课程教师、实验员等队伍的建设。

针对上述环节，生成式 AI 能提供强大的支持。例如，在实施和改进学校教学与服务方面，生成式 AI 可以通过对大量教育数据的分析，帮助教师理解和改进教学方法，提高教学质量。在师资培训方面，生成式 AI 可以提供定制化的培训方案，帮助教师提高教学能力。在实验课程和科学实践活动中，生成式 AI 可以提供虚拟实验环境，让学生在安全的环境中探索和学习科学知识。因此，生成式 AI 可在提高我国基础教育质量、培养学生的科学素质和创新精神方面发挥重大作用。

对家长说的话

亲爱的家长们：

随着《意见》的公布，科学教育的重要性日益凸显。我们作为家长，不仅是孩子的首位导师，更是他们科学探索之旅的引领者和支持者。在家庭科学活动中，我们有机会引导他们在日常生活中发现科学的奥秘，激发他们的科学热情，鼓励他们对未知的探索。此外，通过对孩子的科学探索行为的鼓励和肯定，有助于培养他们的科学素质和创新思维。因此，家长的参与和支持，对于提高科学教育质量和孩子的科学素质，起着至关重要的作用。

在这个科技日新月异的时代，AI 已经深深地融入我们的生活。了解 AI，掌握 AI 相关知识，对于我们和孩子都是至关重要的。首先，我们所掌握的 AI 知识有助于我们更好地理解孩子使用 AI 学习的程度，从而提供更精准的指导和支持。其次，对 AI 的理解有助于我们应对 AI 带来的挑战，如网络安全问题、隐私问题等。最后，对 AI 的了解可以让我们在日常生活中更好地利用 AI 技术，从而提升生活的便利性和质量。

我们所讨论的 AI 在科学教育中的应用，将为孩子搭建更好的学习环境，培养孩子的科学精神。那么，作为家长，我们如何将 AI 融入到孩子的教育中呢？这里为大家提供了一些建议。

- 利用 AI 进行虚拟科学实验：虚拟实验摒弃了传统实验中时间、地点、设备等条件的限制，使孩子可以在任何时间、任何地点进行科学探索。家长可利用与孩子共度的时光，一同进入这个虚拟的科学世界，让孩子在愉悦和轻松的环境中学习和成长。

- 利用 AI 提供个性化的教学方案：AI 能够帮助我们更深入地了解

孩子的学习进度、兴趣点以及他们对某个学科知识的掌握程度，从而给出更加贴合个体、有效的个性化教学方案。

- 利用 AI 监控孩子的学习情况：这不仅仅是了解孩子的学习效果，更重要的是观察孩子的学习过程，了解他们在学习过程中遇到的困难，并了解他们的学习习惯，然后引导他们养成良好的学习习惯。

- 鼓励孩子独立思考和保持好奇心：尽管 AI 带来了许多便利，但家长的陪伴和引导依然是孩子学习过程中最重要的支持。家长要鼓励孩子保持好奇心，培养他们独立思考的能力，让他们感受到科学的魅力和乐趣。

- 与孩子一起学习和探索：家长要积极探索 AI 的使用方式，不仅将其作为辅助教学的工具，也要和孩子一起学习、一起成长。

● 扩展阅读

1. 生成式 AI 开创 AI 新世代

这篇文章介绍了香港科技大学在推动生成式 AI 教育和创新方面的探索和实践，包括发布生成式 AI 工具的使用指引、成立教育及生成式人工智能基金会、鼓励师生利用 ChatGPT 等工具进行语言创作和设计思维训练等。文章还展示了香港科技大学校友如何利用生成式 AI 技术创业，提供区块链和法律服务等。

● 思考问题

1. 生成式 AI 在科学教育中的可能限制和挑战是什么？例如，技术难题、数据隐私、道德问题等。

2. 在我们使用生成式 AI 进行教育的过程中，如何保证教育的人文精神不会被忽视？

3. 边远地区和贫困地区可能存在技术设施不足的问题，如何让这些地区有效地利用生成式 AI 进行科学教育？

4. 虽然生成式 AI 可以提供模拟的实验环境，但它无法完全模拟实际的实验操作和体验，如何平衡虚拟实验和实地实验之间的关系？

第四节　AI 给教育和学习带来的 4 个挑战

在开始本节内容之前，我想先描述两个教育困境案例。

案例一　一个大学老师在评判学期优秀论文时陷入了两难境地：那些看上去完美的作业有可能是由 GPT 生成的，而那些费尽心思的学生却很难提供优于生成式 AI 的内容，谁应该获得更高的分数？

案例二　评委在中学生作文比赛评判时面临困扰：那些看似完美的作文可能是由生成式 AI 生成的，而那些付出努力的学生却难以与 AI 竞争。如何在评判中保持公正，既鼓励学生创新，又避免生成式 AI 的不当影响？

生成式 AI 在教育领域具有一定的价值，例如生成教学画作等，提高学生学习和教师教学的效率和质量。然而，这种技术也带来了一系列挑战，包括诚信和道德问题、过度依赖问题、安全和隐私问题以及情感需求问题。

诚信和道德问题

诚信和道德问题在教育中尤为重要。但一些学生可能会利用生成式 AI 工具来完成作业，而不是自己独立思考。例如，有些学生可能会将自己的作业或研究报告交给生成式 AI 完成，而不再努力学习相关知识。这种行为损害了教育的公平性和教学质量，也让学生的诚信受到质疑。一些教师可能会利用生成式 AI 制作虚假证书或成绩单，以获取不正当利益，这同样损害了教育系统的公信力。

过度依赖问题

过度依赖生成式 AI 可能导致学生和教师的知识和技能落后。如果学生始终依赖生成式 AI 完成作业，他们可能无法充分发挥自己的创造力和独立思考能力。例如，有些学生可能无法独立完成复杂数学题或编程任务，因为他们总是依赖生成式 AI 来解决问题。对于教师而言，过度依赖生成式 AI 可能导致他们忽视专业知识更新和教学创新，降低教学质量。

安全和隐私问题

安全和隐私问题也是生成式 AI 在教育领域面临的一个重要挑战。

在与生成式 AI 互动过程中，我们可能会不经意地泄露个人信息，这就需要在使用过程中提高警惕。例如，有报道称一些聊天机器人在与学生互动的过程中，收集学生的个人信息，这可能引发安全问题。此外，一些恶意的生成式 AI 可能会产生虚假或有害的内容，误导用户。例如，有些生成式 AI 可能会给学生提供不准确的历史信息，误导学生对历史事件的理解。

情感需求问题

生成式 AI 可能无法完全理解和满足学生的情感需求。虽然生成式 AI 可以回答学生的问题，但它可能无法像人类教师那样关注学生的心理和情感状态，因为它缺乏真正的情感智能和理解。例如，当学生在学习过程中遇到挫折或情绪低落时，生成式 AI 可能无法像人类教师那样给予关爱和支持。人类教师通常能够观察到学生的情感变化，并提供鼓励和关心，帮助学生渡过难关。

总结和建议

总之，生成式 AI 在给教育系统带来便利和价值的同时，也带来了诚信、道德、知识、技能、安全、隐私、情感方面的巨大挑战。为了应对这些挑战，教育系统需要建立相应的规范和监管机制，以确保生成式 AI 在教育领域中的合理、合法、合规、合适和合益的使用。同时，教育机构应该意识到生成式 AI 不能完全替代人类教师，仍然需要依赖人类教师的专业知识、情感关怀和创造力。为了在教育领域充分发挥生成式

AI 的潜力，同时应对其带来的挑战，这里提出以下建议。

- 制定相应的政策、法规和技术标准，对生成式 AI 在教育领域的应用进行规范和监管。
- 教师和学生应当合理利用生成式 AI，避免过度依赖。学生应当培养独立思考能力和创造力，教师也应关注专业更新和教学创新。
- 加强安全和隐私保护，确保生成式 AI 在教育领域的应用不会损害学生的安全和隐私。这可以通过加强技术研发和实施严格的数据保护措施来实现。
- 教师应关注学生的情感需求，为学生提供关爱和支持。生成式 AI 可以作为辅助工具，但不能替代人类教师对学生情感方面的关心。

以上这些内容，我们会在随后的章节中逐步展开论述。

对家长说的话

亲爱的家长们：

我相信你们非常关心上述提到的问题，特别是孩子如何在这个日新月异、科技快速发展的时代找到他们的位置。生成式 AI 的出现无疑给我们的教育系统带来一些挑战，但也带来了一些机会。

首先，作为家长，我们需要明确地认识到，我们的孩子正在一个科技高速发展的社会中成长。我们不能完全阻止他们接触新技术，但应该教育他们正确、理智地使用这些工具，比如生成式 AI。这包括教育他们理解这些工具的使用原则，尊重知识产权，保护个人隐私等。

其次，我们需要鼓励他们保持创新和批判性思考能力。尽管生成式 AI 可以帮助我们解决一些问题，但并不能解决所有问题。一些相对复杂或模糊的问题需要人类的深度理解和专业知识。我们不仅要鼓励孩子在学校里学习知识，还要培养他们独立思考和解决问题的能力。

最后，我们需要让孩子明白，科技工具只是工具，真正的学习还需要他们付出努力。无论读书、写作，还是科学实验，他们都需要自己去思考、去探索。科技工具可以帮助他们更好地获取信息，但不能代替他们去理解和掌握知识。

让我们一起，作为孩子重要的支持者和引导者，帮助他们在这个复杂的世界中找到自己的位置，发挥自己的价值。我希望我们都能看到，生成式 AI 并不是教育系统的敌人，而是一个可以帮助我们的工具。我们只要正确使用它，就能为孩子提供更好的学习环境。

● 扩展阅读

1. Generative AI: Education In The Age Of Innovation

这是在《福布斯》杂志上发表的一篇评论文章。文章介绍了生成式 AI 在教育领域的潜力和应用，例如为数字出版产业提供内容、为个性化学习提供问题解决提示和反馈、为教师提供智能辅助等。文章认为，生成式 AI 可以给教育带来变革，但也需要注意它在伦理、社会和法律方面的挑战。

2. AI in Education

这是哈佛大学教育学院网站上发布的一篇新闻报道，公布了哈佛大学举办的 AI+Education 峰会上的主要内容和观点。峰会讨论了 AI 对教育的影响及带来的可能性和存在的风险，并探讨了如何利用 AI 提高教学质量和效率，同时应对它在诚信、道德、安全、隐私等方面的挑战。

● 思考问题

1. 如何在教育领域确保生成式 AI 的合理、合法、合规、合适和合益的使用，以避免诚信和道德问题？
2. 面对过度依赖生成式 AI 的问题，教师和学生应如何平衡 AI 辅助学习与独立思考的关系？
3. 在使用生成式 AI 的过程中，如何保护学生的安全和隐私，防止个人信息泄露和不良内容传播？

生成式 AI 为我们揭示了一个富有创造力的新世界，它将重新塑造我们对人才的定义和期望。我们需要培养更多具备创造力、批判性思维以及跨领域合作能力的人才，以充分发挥生成式 AI 的潜力，同时规避其潜在风险。

——Sonya Huang 与 Pat Grady

Artificial Intelligence, AI

AI 改变人才定义

随着科技的飞速发展，人工智能正在逐步改变我们对人才的定义和需求。正如著名诗人威廉·巴特勒·叶芝所指出的，教育的目标不仅在于传授知识，更重要的是唤醒个体的潜能，培养未来社会所需的有价值人才。在本章中，我们将深入探讨 AI 时代人才定义的演变以及如何培养顺应时代发展需求的杰出人才。

首先，讨论人工智能背景下人才定义的变化，理解科技如何改变我们对人才的认知。其次，分析 AI 时代人才所需具备的学习力、创造力以及敏锐度的定义，进一步论述这些特质在新时代的重要性，以及如何培养适应就业市场需求的人才。在这个充满挑战和机遇的时代，我们需要重新审视教育，以适应科技的快速发展，培养具备创造力的人才。

第一节　AI 时代的人才定义

随着人工智能技术，如深度学习、机器学习等的快速发展，越来越多的领域受到影响。在这种背景下，人才的定义和价值观发生了巨大变化。爱因斯坦曾经说过：如果我有一个小时来解决问题，我会花 55 分钟来思考正确的问题，然后在剩下的 5 分钟里解决它。这个观点在当今社会愈发显得重要。本节旨在探讨人工智能时代人才定义的改变及人才对个人、企业和社会的影响，首先介绍了传统时代人才的核心能力，然后分析了人工智能时代人才定义的转变，以及这一转变给人才培养和招聘带来的影响，接着总结了人才定义的改变反映了时代的发展，并给出了对个人发展和社会的影响，最后给出了一些结论和启示。

传统时代的人才定义

值得注意的是，人才定义从来不是一尘不变的。我们可以从历史角度来观察这一变化。自人类社会起源以来，人才的定义历经多次改变。在远古时期，人类面临生存挑战，因此身强体壮的人被视为人才。他们能够捕猎和保护部落，为族群提供食物和安全。例如，那些擅长制作工具和武器，或是善于觅食和狩猎的原始人，都被视为人才。后来随着农业的发展，拥有良好农耕技巧的人成为当时的人才。他们能够种植粮食，保证部落的稳定发展。如黄帝时代的神农氏，他不仅传授了农耕技术，还尝百草以教人治病，被视为人才。随着工业革命的到来，掌握技术和具有管理能力的人才需求日益凸显。在这个阶段，能够运用和创新机械技术的工程师和科学家被视为人才。例如，詹姆斯·瓦特发明了改良版蒸汽机，极大地推动了工业革命的发展。20 世纪是知识大爆炸的科技革命时代。在这个时代，掌握丰富知识和专业技能的人被视为人才。例如，阿尔伯特·爱因斯坦以广义相对论和量子力学的研究，开创了现代物理学的新纪元。21 世纪，随着互联网的普及，信息技术对社会产生了深远影响。在这个时代，具备信息处理和数字技能的人被视为人才，他们能够利用信息技术改变世界。可以这样说，在进入人工智能时代之前的传统时代中，解决问题的能力被视为关键技能。传统时代的人才需要掌握解决问题的方法和策略，具备解决具体问题的技能。此外，传统时代的人才还需要储备丰富的知识，掌握基本知识和领域知识，并具备一定的行业经验和实践能力。

AI 时代人才定义的转变

在人工智能时代，人才定义发生了明显的转变。首先，提出正确问题的能力变得更为重要。正如彼得·德鲁克所说：未来属于那些知道如何请教的人。在这个时代，识别关键问题的能力对于成功至关重要。例如，Elon Musk 在创建 SpaceX 和 Tesla 时，提出了清晰且具有挑战性的问题，从而成功地引领了这两家公司的发展。对于 SpaceX 来说，他提出的问题是：如何实现火箭的可重复使用，以降低太空旅行的成本？对于 Tesla 来说，他提出的问题是：如何尽快地将有吸引力的电动汽车推向大众市场，以加速可持续交通的发展？

其次，梳理需求也成为新时代人才的关键能力。在与人工智能协同工作的过程中，沟通技巧和需求分析能力变得尤为重要。这在众多 AI 驱动的项目中都得到了体现。在训练 AI 工具时，为了使它理解你希望它做什么，你需要给它提供一个清晰的描述，包括它将接收的例子的类型，以及每个例子的期望输出。这些指示越明确、越简洁，AI 就越能理解并执行任务。如果指示模糊，AI 可能会混淆和出错，最终影响效果。这就好像你在做一个甜品。如果你的指示是"做一个甜点"，那么你可能会得到一个并不满意的结果，因为这个指示太宽泛，没有指明具体要做什么类型的甜点，需要什么原料，以及应该如何操作。但是，如果你的指示是"做一个巧克力蛋糕，需要 200 克面粉、200 克糖、100 克可可粉，以及一些其他具体的步骤"，那么你就更有可能得到想要的结果，因为这个指示明确、具体，并提供了足够的信息供 AI 理解和执行任务。

在 AI 时代，是否有创造性思考的能力在人才评价中占据着核心地位。它不仅表现为具有传统的创新能力，更表现为具有从宏观和微观角度，跨不同领域整合并分析各种信息的能力。这意味着不仅要有足够广阔的视野去理解和领悟各个领域的知识，还要有足够敏锐的洞察力，从细节中捕捉和挖掘信息，而且需要有将这些看似不相关的信息进行有效连接，以产生新的观点或想法。这种跨领域整合信息的能力是在深度与广度之间找到平衡，从而看到更大的图景，提出更具创新性的观点或解决方案。或许，这种能力正是驱动成功的关键。正如 Apple 的创始人史蒂夫·乔布斯所言：创造力就是连接事物的能力。这句话已经从理论转变为现实。

例如，Airbnb 的创始人就是通过连接住宿业和科技业，构筑了一个全新的商业模式。他们鼓励全球的房主将自家的空闲房源作为临时住宿提供给他人，从而改变了传统的酒店业。又如 Uber 利用先进的技术和智能手机的普及，将交通运输业和科技巧妙地结合在一起，打造出一种新型城市交通方式。再比如，Tesla 将汽车制造业和能源行业进行了跨界融合，重塑了我们对未来交通的想象。Netflix 则是通过连接娱乐产业和互联网，引领了流媒体领域的革新，改变了我们看电影和电视剧的方式。它们都是在 AI 时代利用创新思维和跨界思维连接事物，塑造了崭新的产业模式。

这些例子说明，无论在哪个行业，能够打破传统框架，勇于创新，敢于跨界思考的人才，大概率会成为新时代的领军者。这也充分说明在 AI 时代，我们需要更广阔的视野、更深入的思考，以及创新能力。不同时代人才定义对比分析如表 2-1 所示。

表 2-1   不同时代人才定义对比分析

时间段	人才定义	举例
远古时期	身强体壮、擅长捕猎和保护部落	擅长制作工具和武器、觅食和狩猎的原始人
农业时代	拥有良好农耕技巧	神农氏传授农耕技术，尝百草以教人治病
工业革命时代	掌握技术和具有管理能力	詹姆斯·瓦特发明了改良版蒸汽机
科技革命时代	掌握丰富知识和专业技能	阿尔伯特·爱因斯坦广义相对论和量子力学的研究，开创了现代物理学的新纪元
互联网时代	具备信息处理和数字技能能力	拥有信息技术的人才
人工智能时代	能提出正确问题、梳理需求、创造性思考	SpaceX 和 Tesla 的创始人 Elon Musk

实际上，我们要尝试摒弃这样一种思维定势，即认为一定要从书本中学到某一个具体的知识。现代社会的变化速度之快，使得知识更新迅速，市场需求不断变化。因此，真正的关键能力在于学习能力，以及适应新环境和应对挑战的能力。在这个不断变化的世界中，我们需要有足够的敏锐度去发现问题，有足够的智慧去提出恰当的问题，并有能力去寻找问题的解决方案。而这些都需要我们具备强大的学习能力和灵活的思维方式。无论对新技术的掌握，还是对新市场的熟悉，我们都需要拥有快速学习和迭代的能力。

人才培养和招聘的变化趋势

随着人才定义的转变，教育系统和企业都面临着改革的压力。教育系统需要调整课程设置，培养新型人才。面向未来的教育理念应是培养学生的问题发现和解决能力，强调实践、团队合作和创新能力的培养。

　　在企业招聘中，职业素养的评估标准也发生了改变。企业越来越重视候选人的软技能和团队协作能力。传统的招聘方式可能不再适应新时代需求，因此企业需要重新审视招聘策略，寻求更为有效的评估候选人的能力和潜力的方法。以 GPT 为例，这种基于 Transformer 架构的人工神经网络在大量无标签文本上进行预训练，能够生成新颖且类似人类编写的文本。GPT 具有强大的语言理解和生成能力，可以应用于各种领域和场景，如写作、编码、绘画。GPT 通过自动生成代码、文本、图像等内容来应对各种类型的考试。这些能力使得 GPT 可以轻松地通过大量考试，并且可能超过人类的水平。这意味着，传统的考试方式可能无法有效地评估候选人的真实能力和潜力，需要更多地关注候选人的创造力、批判性思维和跨领域协作能力。

　　的确，人才定义的改变很大程度上反映了时代的发展。AI 时代的新型人才需要具备以下几个方面能力。

　　第一，**提出正确问题的能力**。在一个信息和知识爆炸的时代，找到正确问题甚至比找到答案更为重要。比如，假设一个公司发现产品销售表现不佳，直观的问题可能是"如何提高产品销售？"然而，如果我们深入挖掘，可能会发现真正的问题在于产品定位不准确，或者营销策略不得当。若只关注如何提高销量而忽视了这些核心问题，可能会导致公司投入大量资源但收效甚微。在这里，AI 可以在大数据分析和市场趋势预测方面提供帮助，但提出正确问题和解读答案仍然是人类独有的能力。

　　第二，**梳理需求的能力**。清晰表达需求和良好的沟通可以极大地提高工作效率。例如，当设计师向 AI 工具明确表达他们需要的设计元素和风格时，AI 能够高效地生成满足要求的设计。反之，如果需求描述模糊不清，可能会造成反复修改，浪费大量时间和精力。

第三，**创造性思考能力**。比如，乔纳森·艾维（Jony Ive）作为 Apple 公司的前首席设计师，他的跨界思维和创新设计使得公司的产品不断领先于竞品，引领着科技产品的发展方向。另外，一个公司或个人停滞不前，不追求创新，就可能会被市场淘汰。在这一点上，AI 可以协助我们进行模式识别和趋势预测，但真正的创新和跨界整合仍需人类来完成。

第四，**适应性和学习能力**。在 AI 技术迅速发展中，你如果能快速适应社会并掌握新技能将更有可能抓住机遇，成为行业领导者；如果无法适应新的变化和学习新的技术，可能会错过重要的机会。在这方面，AI 可以协助我们快速获取和处理大量信息，但终究需要人类去学习，去理解，去运用。

第五，**团队协作能力**。在复杂的项目中，不同领域的专家需要协同工作以达成目标。比如在制作一部电影时，编剧、导演、演员、剪辑师等需要共同协作。如果成员之间无法有效沟通和协作，可能会拖慢整个团队的进度。在这里，虽然 AI 可以协助我们处理部分工作，但有效的人际沟通和协作仍然是人类独有的能力。

总体来说，这些关键能力未来人才的评价标准，也是我们融入人工智能时代所需要的。AI 可以为我们提供强大的工具和帮助，但我们需要调整自己的角色认知，发挥独有的优势。值得强调的是，以上能力都非常重要，但只是个人能力素质冰山模型中冰山之上的部分，那么到底哪些底层的特质对未来发展更具决定性作用？这就是我们在下一节将要讨论到的学习力、创造力与高敏感度。

对家长说的话

亲爱的家长们：

在 AI 时代的背景下，我们的孩子需要哪些技能和能力？首先，我们要教育孩子学会提出正确的问题。其次，我们要培养孩子清晰表达需求的能力。在与人工智能协同工作的过程中，准确表达自己的需求将成为一项非常重要的技能。最后，我们应该鼓励孩子培养创新思维和跨领域整合能力。在这个变化莫测的时代，思维的开放和跨界融合是极其重要的。

为了帮助你更好地理解和评估孩子的潜力，我为大家提供了评估列表供参考，如表 2-2 所示。

表 2-2 孩子潜力评估

技能和能力	评估问题	自我评分（1～5）
提问能力	孩子是否经常提出深思熟虑的问题？他们是否能够在问题中看到可能的机会？	
沟通能力	孩子是否能够清晰地表达他们的想法和需求？他们是否能够有效地进行交流和理解他人的观点？	
创新思维	孩子是否能够从不同的角度看待问题？他们是否愿意尝试用新的方法来解决问题？	
适应性和学习能力	孩子在一个新的环境中，是否总是能快速适应新环境？是否总是乐于学习新知识？	
跨领域整合能力	孩子是否乐于探索不同领域的知识？他们是否能够将不同领域的知识联系起来？	

这个评分标准是这样的：1 表示很少有这种表现；2 表示偶尔会有这种表现；3 表示 50% 的情况下会有这种表现；4 表示大部分情况下会有这种表现；5 表示几乎总是有这种表现。

　　记住，每个孩子都是独特的，他们各自有自己的优点。以上评估列表只是一种参考，我们需要根据孩子的实际情况进行评估，帮助他们发现自己的优点，挖掘他们的潜能。

　　让我们一起为孩子们的未来投入更多的心力，帮助他们做好迎接未来的准备。

● 扩展阅读

1. The state of AI in 2022 and a half decade in review

　　这是麦肯锡发布的一篇分析报告。它基于对全球超过 2000 家企业的调查，总结了过去五年人工智能在商业领域的发展和趋势。文章指出，人工智能的应用和投资已经显著增长，但也存在一些挑战。文章认为，人才是人工智能成功应用的关键因素之一，但目前人工智能人才仍然存在供不应求和多样性不足的问题。文章建议企业在招聘和培养人工智能人才时，需要关注候选人的潜力、软技能、多元背景和持续学习能力。

2. Where AI Can and Can't Help Talent Management

　　这是《哈佛商业评论》杂志上发表的一篇文章，作者是两位管理学者。文章探讨了人工智能在人才管理领域的潜力和挑战，分析了人工智能在吸引、发展和留住人才方面的作用和限制。文章认为，人工智能可以提高人才管理的效率和质量，但也需要注意可能带来的伦理、法律、社会和心理方面的风险。文章建议企业在使用人工智能进行人才管理时，需要制定明确的目标、标准和流程，以及建立有效的监督和反馈机制。

● **思考问题**

1. 传统时代的人才能力重点是什么？为什么这些能力在人工智能时代可能不再适用？
2. 人工智能时代人才定义的转变体现了什么样的价值观和社会需求？
3. 教育体系和企业如何应对人才定义改变带来的挑战？

第二节　AI 时代人才的 3 个关键特质

随着 AI 技术的飞速发展，AI 已渗透到各个领域，给社会、经济、文化等带来了巨大挑战与机遇。在 AI 时代，我们需要重新审视教育、职业发展、人际交往等。尤其对于学生来说，如何在这个变革中定位自己并培养核心竞争力，已经成为教育界和社会的关注焦点。

在前文中，我们提到适应 AI 时代的新型人才需要具备几个关键能力：提出正确问题、梳理需求、创造性思考、适应性和学习、团队协作。然而，这些能力仅是人力素质冰山模型的冰山一角。

在 AI 时代，我们需要具备**学习力、创造力和高敏感度**。爱因斯坦曾说过：想象力比知识更重要，因为知识是有限的，而想象力概括了世界的一切，推动了社会进步，是知识进化的源泉。这句名言凸显了创造力的重要性。他的另一句名言——学习不是知识的积累，而是对我们思维方式的改变，强调了学习力的重要性和在 AI 时代保持敏锐洞察力的意义。

本节将深入分析这三大能力的定义、重要性，探讨提升这三大能力的方法，并结合实际案例展望未来趋势。

特质一：学习力

定义及重要性

在当前快速发展的 AI 时代，学习力已经成为我们最需要关注和培养的能力之一。学习力是指个体在面对新知识、新技能时，具备快速吸收、理解、应用的能力，包括自主学习、主动探索、跨学科学习、反馈与自我调整等。

为了说明学习力的重要性，我们来比较两位在大学中具有不同学习力的同学。为了保护隐私，我们将他们称为 A 同学和 B 同学。具有强大学习力的 A 同学和学习力较弱的 B 同学，尽管他们在其他方面非常相似，但学习力方面的差异可能导致取得截然不同的学习效果。

具有强大学习力的 A 同学面对新知识和新技能时，总能迅速吸收和理解。当学校引入人工智能课程时，A 同学立刻投入时间自学并掌握相关知识、技能。他积极参加课外实践项目，与同学共同研究如何将 AI 技术运用到实际问题解决中。在项目实践过程中，A 同学主动征求老师和同伴意见，根据反馈调整学习策略。这使他短时间内取得显著成果，成功帮助团队解决一系列实际问题。相较于学习力强大的 A 同学，学习力相对较弱的 B 同学在学校引入人工智能课程时，未能像 A 同学一样迅速投入学习。在课堂上，他难以跟上进度，对新知识的吸收和理解相对较慢，尽管也尝试参与课外实践项目，但由于学习力较弱，在项目中贡献有限，对实际问题解决帮助不大。在应对外部改变带来的挑战时，B 同学的适应能力相对较差，需要更多时间和精力提升。

由此可见，学习力对于适应 AI 社会至关重要。我们应高度重视并努力提高学习力，以在变革中找准定位，发挥最大潜能。在知识大爆炸时代，学习知识的能力变得比知识本身更重要。

提高学习力的方法

培养好奇心

好奇心是人性的一部分，它激发我们探索未知、挖掘新知，是我们学习的动力和乐趣的源泉。好奇心就像一盏明灯，照亮我们前行的道路，帮助我们更深入地了解世界。保持好奇心能让我们保持开放和灵活的思维，以发现新的可能性，挑战和突破自我。

我们应尽量培养好奇心，多问问题，多观察，多实践，多反思。就像著名的物理学家理查德·费曼，他的好奇心让他对世界充满了想象和探索。他不局限于对专业领域——物理学充满好奇，还对生物、心理学等领域充满好奇，这也使他在专业领域取得了重大突破。

有趣的是，如果你真的珍视自己的好奇心，它会给你带来无尽的财富。例如，Google 的 "20% 时间" 机制就是典型的例子，员工被鼓励用 20% 的工作时间去探索他们感兴趣的项目。这个机制激发了员工的好奇心，研发出许多如 Gmail 和 AdSense 等重要的产品。

由于工作关系，我有幸接触到许多杰出科学家和院士，他们都拥有旺盛的好奇心，积极探索世间万物，即使这个领域与他们的研究毫不相干。比如院士许家晟，他是一位杰出的物理学家，但他对诗词也有深厚的兴趣和独到的见解。

所以，让我们珍视并保持好奇心，让好奇心成为我们探索世界、发现新知、实现自我突破的动力。

一个简单的测试自己是否有好奇心的方法是问自己如下几个问题，如表 2-3 所示。

表 2-3　简单测试好奇心的自我提问

指标或方法	说　明	评　估
对新鲜事物感兴趣	你是否经常对新鲜事物感兴趣，愿意尝试和学习	如果是，说明你有较强的好奇心；如果否，说明你需要加强对新鲜事物的接触和尝试，培养自己的好奇心
对不了解的领域或话题提问	你是否经常对自己不了解或不熟悉的领域或话题提出问题，寻求答案	如果是，说明你有较强的好奇心；如果否，说明你需要加强对不同领域或话题的关注和探索，培养自己的好奇心
阅读不同类型和风格的内容	你是否经常阅读不同类型和风格的书籍、文章等，拓宽自己的知识面和视野	如果是，说明你有较强的好奇心；如果否，说明你需要加强对不同类型和风格内容的阅读和欣赏，培养自己的好奇心

（续）

指标或方法	说　明	评　估
参与不同的活动、社交、旅行等	你是否经常参与不同的活动、社交、旅行等，体验不同的文化和生活方式	如果是，说明你有较强的好奇心；如果否，说明你需要加强对不同的活动、社交、旅行等的参与和体验，培养自己的好奇心
反思自己的行为、想法、感受等	你是否经常反思自己的行为、想法、感受等，寻找自己的优势和改进点	如果是，说明你有较强的好奇心；如果否，说明你需要加强对自己的行为、想法、感受等的反思和分析，培养自己的好奇心

跨学科学习与迁移应用

在学习之旅中，我们不应该局限于单一的领域或形式，应该努力打破边界，跨越不同领域或形式，寻找并探索知识间的联系和共性。这种跨学科学习需要我们对各个领域都有一定的理解，这也是人类思维的独特之处。目前的 AI 虽然在模拟人类语言和行为方面取得了显著进步，但在理解不同学科知识的联系和共性方面，仍然远远无法与人类相比。例如，史蒂夫·乔布斯将工艺美学和技术紧密结合，打造出一款款风格优雅，技术先进的产品，这种对美的理解和感知是目前的 AI 无法实现的。

与此同时，我们需要注意将所学的知识迁移到不同的情境和上下文。这种迁移应用需要我们理解和感知情境的差异性，以及理解知识的深度和广度，而这些都是目前的 AI 难以实现的。比如，数学家约翰·纳什将数学理论应用到经济学、心理学等多个领域，这种跨领域应用需要深刻理解各个领域的本质和运行规律，这是目前的 AI 无法实现的。

更重要的是，跨领域学习和迁移应用依赖我们的主观判断和价值观。例如，艾萨克·牛顿在发现万有引力定律后，选择将其应用在天体运动上，这个决定改变了人类对宇宙的理解。这种基于价值观的决定是目前的 AI 无法模仿的，因为 AI 没有我们人类的情感、经验和主观判断。

因此，虽然 AI 可以帮助我们处理数据、解决问题，但它并不能替代我们进行跨领域学习和迁移应用。人类独特的情感、经验和主观判断使得我们在这两方面拥有无可比拟的优势。我们应该珍视并利用这些优势，这样才能在 AI 时代保持我们的独特性和主导地位。

如果你不知道自己的跨领域学习与迁移应用的能力如何，可以参考表 2-4 进行测试。

表 2-4　跨领域学习与迁移应用能力测试

指标或方法	说明	评估或提升
跨领域知识的掌握	你是否掌握了不同领域的基本知识和概念，能够理解它们之间的联系和差异	如果是，说明你有较高的跨领域知识水平；如果否，说明你需要加强对不同领域知识的学习和理解，储备跨领域知识
跨领域思维方式和方法的运用	你是否能运用不同领域思维方式和方法，分析和解决问题	如果是，说明你有较高的跨领域思考水平；如果否，说明你需要加强不同领域思考方式和方法的运用，培养自己的跨领域思维方式和方法的运用能力
跨领域沟通	你是否能有效地与来自不同领域的人沟通和协作，表达和理解不同的观点和需求	如果是，说明你有较高的跨领域沟通水平；如果否，说明你需要加强与不同领域的人沟通和协作的技巧并总结经验，培养自己的跨领域沟通能力
跨领域创新	你是否能结合不同领域的知识和思维，创造出新颖且有价值的产品或方案	如果是，说明你有较高的跨领域创新水平；如果否，说明你需要加强对不同领域的知识和思维的结合，培养自己的跨领域创新能力
跨领域迁移的能力	你是否能将在一个领域学到的知识和技能应用到另一个领域	如果是，说明你有较高的跨领域迁移水平；如果否，说明你需要加强对不同领域知识和技能的迁移和应用，培养自己的跨领域迁移能力

自我反馈与自我调整

学习并非一成不变的，而是一个需要我们持续评估、反馈和调整的动态过程。这个过程的核心在于我们对自己的认识和理解，以及我们对环境的感知和应对。AI 虽然在处理具体任务和数据时表现出色，但在理解个体的情感、经验和需求方面仍然存在局限性。

自我反馈不仅要求对自身优点和不足客观分析，更要求我们对情感、经验和要求的深度理解。比如，职业网球运动员塞雷娜·威廉姆斯在赛后总会对自己的比赛进行反思和分析，以找出可以改进的地方。这种自我反馈需要对自己的情感和经验有深度理解，而这是 AI 目前无法做到的。

自我调整则是一种基于自我反馈和对环境感知的灵活应对策略。比如，我们可以根据自己的学习效果和环境变化来调整学习目标、策略和态度。这种自我调整需要我们理解并感知环境的变化，这也是 AI 目前无法做到的。

因此，虽然 AI 可以帮助我们处理数据、解决问题，但它并不能替代我们进行学习反馈和调整。

自我反馈与自我调整能力测试如表 2-5 所示。

表 2-5　自我反馈与自我调整能力测试

指标或方法	说　明	评估或提升
自我监控	你是否能在学习过程中持续检查自己的进度和表现，发现自己的优势和不足	如果是，说明你有较高的自我监控水平；如果否，说明你需要加强对自己学习过程中的关注和检查，培养自己的自我监控能力
自我评价	你是否能在学习完成后对自己的学习成果进行客观和准确的评价，并根据一定的标准和指标给出反馈	如果是，说明你有较高的自我评价水平；如果否，说明你需要加强对自己学习效果的评价和反馈，培养学习自我评价能力
自我调整	你是否能根据自我监控和自我评价的结果，制定并实施改进计划，调整自己的学习策略和方法	如果是，说明你有较高的自我调整水平；如果否，说明你需要加强对自己学习策略和方法的调整和改进，培养自己的自我调整能力

批判性思维与对真理的追求

学习并非仅是为了获取知识或应对考试，其核心在于追求真理和启迪智慧，因为它们是我们理解世界的基础。真理是不受我们个人意愿影响的客观存在，智慧是对真理的深入理解和正确应用，它们是我们进步的原动力。在这个过程中，我们不能仅仅依赖 AI。尽管 AI 能够处理大量数据，但是在理解真理的深度和应用智慧方面，还无法与人类相媲美。

我们只有对真理有一种强烈而持久的追求，才能持续学习。阿尔伯特·爱因斯坦就是一个典型的例子，他通过对物理世界深入的洞察提出相对论。在这个过程中，爱因斯坦表现出对真理不懈的追求。

为了更好地追求真理，我们需要培养批判性思维，敢于挑战现有的观念和假设。例如，当哥白尼挑战地心说并提出日心说时，他不仅颠覆了当时的主流观点，也展示了对真理的追求和批判性思维。

与此同时，我们还需要保持对新知识和新观点的敏锐感知。在医学领域，随着新的研究和发现的出现，医生需要时刻保持警惕，对新知识保持开放的态度。这种敏锐的感知力是 AI 所缺乏的，因为它需要我们理解并判断新知识和新观点的价值和意义。

因此，虽然 AI 能在一定程度上帮助我们处理信息和解决问题，但在追求真理和应用智慧的过程中，我们需要保持自我驱动，培养批判性思维和高敏感度。这是我们在 AI 时代保持主导地位的关键。

批判性思维与真理追求能力测试如表 2-6 所示。

保持积极的心态

在学习的道路上，保持积极的心态至关重要。它能够帮助我们在面临挑战和困难时保持坚定的信心，鼓舞我们在逆境中不断前行。这其中包括复杂的情绪处理和自我意识觉醒，这是 AI 不具备的。尽管 AI 能在一定程度上帮助我们分析情绪，但它无法真正理解和体会我们的感受。

表 2-6　批判性思维与真理追求能力测试

指标或方法	说明	评估或提升
逻辑推理	你是否能理解和运用逻辑规则和原则，有效地构建和评价论证	如果是，说明你有较高的逻辑推理水平；如果否，说明你需要加强对逻辑规则和原则的学习和运用，培养自己的逻辑推理能力
证据分析	你是否能收集和整理相关的事实和数据，分析和判断它们的准确性和可靠性	如果是，说明你有较高的证据分析水平；如果否，说明你需要加强对事实和数据的收集和整理，培养自己的证据分析能力
思维批判	你是否能发现和避免思维中的偏见和错误，批判性地审视自己和他人的观点和假设	如果是，说明你有较高的思维批判水平；如果否，说明你需要加强对思维中偏见和错误的发现和避免，培养自己的思维批判能力
真理追求的态度	你是否具有对真理的渴望和敬畏，愿意不断地追求真理并接受真理	如果是，说明你具有较好的追求真理的态度；如果否，说明你需要加强对真理的渴望和敬畏

例如某篮球明星无论在个人生活还是职业比赛中遇到困难时，他总是能保持积极的心态。在比赛中落后时，他保持冷静、调整战术、鼓舞队友，最终赢得比赛。

然而，保持积极的心态并非易事，尤其是在压力和挫折面前。我们需要学会调整心态，避免过度焦虑，保持良好的学习和生活状态。这就像一名航海家在大海中导航，他不能控制风，但他可以调整自己的帆。

一个有用的帮助我们保持积极心态的工具可能是自我评估表格。它可以帮助我们更好地了解自己的情绪状态，从而进行适当的调整。然而，这种评估和调整是需要我们主观参与和理解的，而不是仅仅依赖 AI 的算法。

保持积极心态测试如表 2-7 所示。

表 2-7　保持积极心态测试

指标或方法	说明	评估或提升
积极调整情绪	你是否能在遇到困难或挫折时，调整自己的情绪，保持乐观和信心	如果是，说明你有较高的积极调整情绪的水平；如果否，说明你需要加强对自己情绪的调节和管理，培养自己的积极调整情绪的能力
积极设定目标	你是否能为自己的学习设定具体、可行、有挑战的目标，并持续地追踪和实现	如果是，说明你有较高的积极设定目标的水平；如果否，说明你需要加强对自己学习目标的设定和实现，培养自己的积极设定目标的能力
积极寻求反馈	你是否能主动寻求他人对自己学习力的反馈，并根据反馈进行改进	如果是，说明你有较高的积极寻求反馈水平；如果否，说明你需要加强寻求和接受他人对自己学习力的反馈，培养自己的积极寻求反馈能力
积极思考	你是否能在学习中积极思考，看到事物好的一面和不好的一面，期待好的结果	如果是，说明你有较高的积极思考水平；如果否，说明你需要加强对事物的分析，培养自己的积极思考能力

通过运用以上方法，我们可以逐步提高自己的学习力，为在 AI 时代的职业发展做好准备。强大的学习力是我们在变革中找准定位、发挥最大潜能的关键，让我们努力提升学习力，迎接未来的挑战和机遇。

对家长说的话

亲爱的家长们：

这是一个对我们所有人都有意义的话题，对我们的孩子尤其重要。在这个快速发展的 AI 时代，我们的孩子需要具备快速吸收、理解、应用新知识和新技能的能力，这就是学习力。它就像是一把钥匙，能打开知识的大门，让孩子未来充满无限可能。

那么，如何培养孩子的学习力？文章中提出了一个很重要的方法，那就是培养好奇心。好奇心是持续学习的动力，它能帮助孩子们发现新的可能性、挑战和突破自我。家长应教导孩子们尽可能多地问问题、观察、实践、反思。

在这里，我提供表 2-8 来帮助家长评估孩子的学习力，以更好地了解孩子在学习力方面的表现和需要改进的地方。

表 2-8　评估孩子学习力

技能和特质	评分 1～5（1 表示需要改进，5 表示优秀）
理解新知识的速度	
应用新知识的能力	
自主学习的能力	
主动探索的意愿	
跨学科学习的意愿	
接受和利用反馈的能力	
自我调整学习策略的能力	
保持好奇心，愿意探索未知的意愿	

表 2-8 只是一个参考，我们需要根据自己孩子的实际情况，给予客观的评分。我们也不需要过于担心评分低的地方，因为每个孩子都有自己的优点和需要改进的地方。我们的目标是了解我们的孩子，发现他们的潜力，以及他们需要我们帮助的地方，从而帮助他们更好地提升学习力。

● 扩展阅读

1. AI-enabled adaptive learning systems: A systematic mapping of the literature

这是一篇综述文章，调研了深度强化学习和多智能体深度强化学习两大领域近 100 种探索算法。文章根据方法性质把探索算法分为基于不确定性的探索、基于内在激励的探索和其他三大类，并从单智能体深度强化学习和多智能体深度强化学习两方面系统性地梳理了探索策略。文章还分析了四大探索挑战，并提出了一些未来研究方向。

2. Artificial intelligence in information systems research: A systematic literature review and research agenda

这是一篇综述文章，调研了在信息系统领域人工智能的研究现状和趋势。文章分析了人工智能的定义、应用、价值、影响和挑战，并提出了一个人工智能在信息系统领域的研究议程，包括 6 个主题和 18 个问题。

3. The strategic use of artificial intelligence in the digital era: A literature review and avenues for future research

这是一篇综述文章，探讨了人工智能与商业战略之间的关系，介绍了现有的关于人工智能与商业战略融合的方法和框架，并提出了一些未来研究的方向和建议。

● 思考问题

1. 在学习和工作中，你是否遇到学习力强与学习力弱的个体，他们之间存在哪些差异？这些差异如何影响他们在学习、工作中的表现？
2. 在学习过程中，你是否发现一些有效的方法来提高学习力？这些方法是如何帮助你在学习新知识和新技能时更快地掌握的？
3. 随着 AI 时代的到来，学习力在个人职业发展和社会适应能力方面的重要性愈发凸显。请思考如何在教育体系和社会环境中加强他人对学习力的培养，以帮助更多人更好地迎接未来的挑战和机遇？

特质二：创造力

在前文中，我们探讨了学习力作为一个关键特质在 AI 时代的重要性。除了学习力，还有一个同样重要的核心关键值得我们关注，那就是创造力。接下来，我们将深入探讨创造力在 AI 时代的重要性，以及如何提升个人的创造力。

定义及重要性

人类的创造力是指人类在学习、工作、生活中，运用知识、技能、多种思维等创出新颖、有价值、适应环境的成果的能力。创造力是人类区别于其他生物的重要特征，也是人类社会进步和发展的重要动力。

在 AI 时代，人类面临新的机遇和挑战。一方面，AI 可以为人类提供更多学习和创造的资源，如海量信息、强大的计算能力、多样的表达方式等，还可以与人类合作，共同完成一些复杂或困难的创造性任务，如写歌、画画、编程等。这些都可以激发和提升人类的创造力。在 AI 时代，我们需要重新定义和理解创造力，并且重视和培养创造力。我们需要认识到，AI 并不是要取代人类的创造力，而是要与人类共同构成一个新的创造系统。在这个系统中，人类和 AI 可以相互补充、相互促进、相互协作，形成一种新型的合作创造模式，即人机共创模式。在这种模式下，人类可以利用 AI 的优势，如速度、精度、规模等，来拓展自己的知识面和思维深度、广度；同时，人类也可以发挥自己的优势，如情感、价值观、道德观等，来引导和约束 AI 的行为。

在 AI 时代，提升个人创造力不仅是必要的，也是一种责任。只有拥有强的创造力，我们才能适应 AI 时代的变化，也能保护自己的尊严和发挥自己的价值。同时，只有拥有高度责任感，我们才能正确和合理地使用 AI，也能降低 AI 带来的风险。因此，提升创造力是面对 AI 时代的一种态度。我们应该以一种开放、积极、合作的态度，与 AI 共同学习和创造，实现人类和 AI 共赢、共生。

提升创造力的方法

接触未知

创造力源于未知。未知知识是指我们尚未掌握的领域知识，或者是尚未被发现的领域知识。我们可以将这些未知知识分为两类：已知未知和未知未知。

已知未知是指我们知道自己尚未掌握的知识，比如我们尚未了解的宇宙的边界，或者我们尚未掌握的一种已知存在的外语。一个寻求提升创造力的人可以像探险家一样，保持好奇心和开放的心态去勇敢探索这些已知未知。

未知未知是指我们未意识到的潜在风险或机会，或者我们尚未发现的新领域或新规律。这就像探索一个隐藏的宝藏，你永远不知道会发现什么。比如，我们知道现在有很多新的科技正在发展，比如量子计算，虽然我们还不清楚其中具体的细节，但我们知道那是一个充满可能性的领域。

创造力可以不断地扩展自己的知识面，接触新的领域和发现不同的思维角度，因为只有这样，我们才能获取创新的素材和灵感。然而，这些不是简单依赖 AI 可以完成的。AI 可以给我们提供信息和数据，但最终将这些信息和数据转化为创新思想的，是我们人类的心智。

尽管 AI 在解决复杂问题和分析数据方面表现出强大的能力，但在面对未知的领域和探索新的概念时，它仍然无法与人类的创造力相媲美。我们可以借助 AI 的力量，获取更多的知识，但真正的创新和发现还是需要我们人类的好奇心、直觉和洞察力。

因此，我们需要不断扩展自己的知识面，勇于接触未知，这是提升创造力的关键。在 AI 时代，我们需要更加强调自身的创造力和探索精神，这是我们在这个时代保持主导地位的关键因素之一。

为了帮助你判断自己是否在足够多的领域尝试接触未知，这里提供已知未知和未知未知自我评估表，如表 2-9 所示。

表 2-9　已知未知和未知未知自我评估

领域	已知未知	未知未知	尝试接触未知的方法及计划
语言学习	有所了解但未掌握的外语	尚未发现的语言或方言	参加语言交流活动
科学	宇宙的边界	未知的物理现象	阅读科学文献，参加科学讲座
技术	新兴技术（如量子计算）	未来可能出现的技术	学习新技术，关注科技发展动态
艺术	某种艺术形式（如绘画、舞蹈）	未曾出现的艺术形式或风格	参加艺术展览，学习新的艺术技能
历史	某个历史时期的事件	尚未被发现的历史事件	阅读历史书籍，参观历史博物馆
文化	不同国家或地区的文化	尚未发现的民族或地区文化	旅行体验不同文化，参加文化交流活动

我们可以根据自己的兴趣和需求，修改或补充这个表格中的内容。通过定期自我评估和反思，我们将更有意识地在不同领域尝试接触未知，从而提升自己的创造力。

我们不仅要关注表格中列举的领域，还可以探索其他感兴趣的领域，例如哲学、心理学、经济学等。尽量多尝试涉足不同的领域，这将有助于拓宽视野、提高创造力。你可以参加各类活动、讲座、研讨会，结交志同道合的朋友，共同成长。

另外，不要忽视生活中的小事，很多时候灵感就隐藏在日常琐事之中。多观察、多思考，将生活中的点滴转化为创造的灵感。对于已知未知和未知未知，保持好奇心和探索精神，勇于尝试新事物，这将有助于你在不同领域发现新的问题和机会。

总之，在提升创造力的过程中，尝试接触未知是至关重要的。通过在不同领域寻找新知识、新方法和新视角，我们将不断地激发自己的创造性思维，从而更好地适应 AI 时代的变化。

关注违和感

关注违和感是提升创造力的一种极其有效的策略。我们遇到与自己的认知或期待相违背的情况时，不要轻易地将其忽略或者否定，应该仔细地观察和分析，从而发现新的问题或者新的机会。

举个例子，当苹果公司的设计师们在考虑新的 iPhone 设计时，他们可能发现许多违和感，比如为什么手机一定需要有实体按键。这种违和感的关注激发了他们的创新，从而诞生了第一款全触屏 iPhone。

关注违和感是一种深度挖掘现有知识，拓宽思维边界的方法。我们需要将注意力集中在那些不符合自己预期或经验的事物上，因为这也许正是我们发现新思路、机会或解决方案的地方。比如，斯蒂夫·乔布斯在第一次看到图形用户界面时，就觉得这个界面违背了他对计算机的预期，但他并没有忽视这种违和感，相反，他将这种新的界面引入 Macintosh，从此改变了个人与计算机的交互历史。

对于关注违和感，我们并不能简单地依赖 AI。尽管 AI 可以处理大量信息和数据，但对于违和感的识别和处理，需要人类的直觉和主观判断。因为违和感往往涉及对现有规则和常识的挑战，这是目前的 AI 无法做到的。

表 2-10 可以帮助你更好地发现和关注生活中的违和感，从而提升创造力。在 AI 时代，我们需要更加重视自身的感知和判断能力，因为这是我们保持领先地位的关键因素之一。

表 2-10　违和感自查

序号	遇到的违和感	发现的新问题或机会	可采取的行动
1			
2			
3			
4			
5			

对于违和感时，我们需要养成一种敏锐的观察力，以便捕捉到那些与我们认知相悖的信息。我们需要将这些信息记录在表 2-10 "遇到的违和感" 一栏。接着，我们要在 "发现的新问题或机会" 一栏分析这些违和感背后可能存在的新问题或机会。在分析过程中，我们可以运用多种思维方法，如对比、归纳、推理等。我们要试图找出这些违和感背后的规律或原因，以便更好地理解和利用它们。在 "可采取的行动" 一栏，我们要列出针对这些新问题或机会可能采取的行动，从而实现改进或创新。

通过这个表格，我们可以更系统、更有针对性地关注违和感，从而更有效地激发创造力。我们鼓励读者定期回顾这个表格，并在实践中尝试采取相应的行动，以便不断提高自己的创造力。

尝试新的思维方式

在提升创造力上，尝试新的思维方式尤为重要。面对需要解决的问题，我们首先需要识别并将其记录下来。想象你是一家电子产品制造商，当前面对的问题是如何在市场上区分自己的产品。在这个场景下，你可以在表 2-11 的"遇到的问题或挑战"一栏中记录这个问题。

接下来，你需要在"尝试的新思维方式"一栏，列出一些思维发散的方法和技巧，例如头脑风暴、类比、反向思考等，以便拓宽思维边界。比如，你可以进行一次头脑风暴，让团队自由地提出所有可能的想法，不管它们看起来有多疯狂。或者你可以尝试类比思考，看看其他行业是如何区分自己产品的，然后思考这些策略是否可以迁移到自己的产品上。

但是，尝试新的思维方式无法完全交由 AI 来完成。尽管 AI 在处理数据和某些预测方面具有强大的能力，但在理解和运用这些创新的思维方法方面，AI 远远无法替代人类的创新精神和直觉。

表 2-11   新思维方式自我拓展

序号	遇到的问题或挑战	尝试的新思维方式	收获的新观点或解决方案
1			
2			
3			
4			
5			

在尝试新的思维方式的过程中，我们可能会发现一些新的观点或解决方案，这些收获应该被记录在"收获的新观点或解决方案"一栏。我们鼓励读者在实践中积极尝试新的思维方式，并将收获的新观点或解决方案应用于实际问题，从而不断提高自己的创造力。

为了激发创造力，我们可以尝试各种不同的思维方式。以下是一些常见的思维方式及其简要介绍和示例。

- 头脑风暴：这是一种在短时间内生成大量想法的方法。头脑风暴强调在创意过程中避免评判，鼓励自由发挥。例如，一个团队需要为新产品设计一个吸引人的广告，成员可以进行头脑风暴，提出各种独特的创意。

- 类比：这是一种将类似情况的解决方案应用于当前问题的方法。例如，为了改进某家餐厅的服务，餐厅经理可以参考成功的零售商的客户服务策略，从而获得新的灵感。

- 反向思考：这是一种通过颠倒问题或情境来发现新的解决方案的方法。例如，设计师试图让一款手机更轻便，他可以先设想一款极度笨重的手机，然后逐步减轻重量，最终找到一个合适的设计。

- 故事叙事：这是一种通过构建故事来表达观点、传达信息或解决问题的方法。例如，为了解决员工士气低落的问题，管理者可以讲述一个关于团队克服困难取得成功的故事，以激发员工的信心和工作动力。

通过尝试这些不同的思维方式，我们可以发现新的解决方案和创新点，从而提高创造力。当然，还有许多其他的思维方式可供尝试，关键是勇于尝试并保持开放的心态。

保持积极和开放的心态

在创新性活动中，积极与开放的心态不仅重要，而且是决定创新成功与否的关键。首先，我们需要有自信和乐观的精神，即便面对众多的困难和挫折，也不轻易放弃或贬低自己。假设你是一位设计师，正努力在一片嘈杂的市场中找到新的设计理念。你可能遇到种种困难，包括从缺乏灵感到面对不理解自己设计理念的人的批评。然而，只要保持积极的心态，相信自己，你就有可能找到设计灵感，从而实现突破。

同样，我们也需要尊重并借鉴他人的想法，因为创新并不只是个人的设想，可能来自多元化观点的交叉碰撞。你可能会在一个讨论中，或者在一个你从未考虑过的领域找到灵感。这就是为什么我们要保持开放的心态，尽可能地吸收和欣赏他人的想法，而不是拒绝或忽视它们。

然而，这种积极和开放的心态是 AI 在目前阶段无法实现的。AI 可以分析数据，提供信息，但是它无法体验情绪，理解信心和乐观的重要性，也无法真正欣赏并借鉴他人的想法。因此，尽管我们在许多领域都可以利用 AI 的力量，但在创新中，我们人类仍需依靠自己的情感、智慧。因此，保持积极和开放的心态不仅可以激发我们的创新力，也是我们在这个 AI 日益普及的世界中，保持自身独特价值和领先地位的关键。保持积极和开放心态的实践清单如表 2-12 所示。

表 2-12　保持积极和开放心态的实践清单

行为	说明	例子
对自己的想法保持信心	相信自己的想法具有价值，不要轻易放弃	当你有一个新的想法时，不要因为害怕失败而不去尝试、实践
乐观看待挑战和困难	将困难视为机遇，相信自己能够克服和解决问题	面对新项目的挑战时，保持乐观，相信团队可以克服难关
倾听和尊重他人的想法	保持开放，认真听取他人的意见，从中学习和借鉴	在团队讨论中，认真倾听每个人的意见，以此来丰富自己的想法
与他人分享和讨论自己的想法	与他人分享你的观点和想法，以获得反馈和建议	当你有一个新的创意时，与团队成员分享并邀请他们提供反馈
勇于尝试新事物和扩大舒适区	不拘泥于旧的思维模式，勇敢地去尝试新的方法和技巧	学习新的技能，如绘画、舞蹈或编程，以提高自己的创造力
接受失败并从中吸取教训	将失败视为成长的机会，从失败中吸取教训，不断进步	当一个项目失败时，分析失败的原因，总结经验，为下一个项目做好准备

保持积极和开放的心态对于创造力至关重要。当我们相信自己的想法，乐观面对挑战，并尊重他人的观点时，我们就更有可能激发出更多

的创造力。

学会利用 AI

AI 在某些方面有着人类难以比拟的优势，如速度、精度、规模等。AI 可以快速地处理和分析海量数据，从中发现规律和模式，为人类提供更多的信息和灵感。AI 还可以模拟或超越人类的某些思维方式，如逻辑推理、概率计算、模糊匹配等，为人类提供更多的方法和选择。例如，如果你想写一首歌，你可以利用 AI 工具如 AIVA 等来搜索和整理相关的编曲素材和歌词素材；你可以参考 AI 生成的歌曲，学习和借鉴 AI 生成的旋律、节奏、韵律等；你也可以尝试使用 AI 组合或变化音乐元素或歌词元素，创作出新颖的歌曲。

对家长说的话

亲爱的家长们：

在前文中，我们讨论了学习力的重要性。这里，我想与你们探讨另一个同样重要的能力，那就是创造力。

创造力是人类区别于其他生物的重要特征，它是人类社会进步和发展的关键动力。在 AI 时代，这种能力的重要性变得更加明显。AI 提供了尽乎无限的学习和创作资源，但是真正的创新和发现仍然需要我们人类的创造力。创造力可以驱动我们去接触未知，挑战自我，拓宽我们的知识边界，为创新提供源源不断的灵感。

那么，作为家长，我们应该如何培养孩子的创造力？

首先，鼓励他们接触未知。鼓励他们不畏惧新的挑战，勇于探索自己尚未掌握的领域知识。鼓励他们对已知未知和未知未知都保持好奇心。例如，你可以让他们接触不同的学科，包括科学、艺术、编程等，让他们看到世界的多样性，激发他们的好奇心和探索欲望。

其次，利用 AI 资源。我们可以利用 AI 的优势，如大数据、高速计算等，帮助孩子获取更广泛的知识，拓展他们的思维方式。例如，我们可以通过 AI 教育平台，提供个性化的学习路径，让孩子根据自己的兴趣和目标去学习、探索。

最后，重视并培养孩子的情感、价值观和道德观。这些是人类的独特优势，是 AI 无法复制的。我们应该教导孩子，以开放、积极、合作的态度，与 AI 共同学习和创造，实现人机共赢。

同样地，我提供表 2-13 来帮助评估孩子的创造力。

表 2-13   孩子创造力评估

技能和特质	评分 1～5（1 表示需要改进，5 表示优秀）
接触新知识和新技能的积极性	
创新思维和解决问题的能力	
对已知未知和未知未知的好奇心	
利用 AI 资源的能力	
情感、价值观、道德观的培养	

表 2-13 只是一个参考，我们需要根据自己孩子的实际情况，给予公正客观的评分。这并不意味着我们要对孩子有过高的期待，而是要鼓励他们去接触未知，享受学习和创新的过程。

我希望每一个孩子都能在 AI 时代，拥有旺盛的创造力，用自己的思想和行动影响世界，创造更美好的未来。

● **扩展阅读**

1. Redefining Creativity in the Era of AI? Perspectives of Computer Scientists and New Media Artists

这是一篇研究性文章，探讨了在 AI 时代，创造力是否需要重新定义。文章作者采访了 52 位使用 AI 的计算机科学家和新媒体艺术家，分析了他们对创造力的理解和评价，以及他们与 AI 的合作关系。文章作者发现，科学家和艺术家使用相似的元素来定义创造力，但是 AI 在他们创造过程中扮演不同的角色。科学家需要 AI 提供准确和可信的结果，艺术家利用 AI 进行探索和玩乐。文章还提出了共创（即人类和 AI 共同参与创造）的概念，认为这是未来创造力提升的重点。

2. Artificial Intelligence and Creativity: A Review of the Literature

这是一篇综述文章，回顾了 AI 与创造力之间的关系。文章从 3 个方面进行分析，包括 AI 作为激发创造力的工具、AI 作为激发创造力的对象、AI 作为激发创造力的合作者。文章指出了在各个方面的研究进展、挑战和未来方向，并强调了 AI 与创造力之间的互动性和复杂性。

3. Creativity in the Age of Artificial Intelligence: A Multi-level Framework

这是一篇理论文章，提出了一个多层次框架，以分析 AI 对创造力的影响。文章将创造力分为个体、团队、组织和社会 4 个层次，并讨论了 AI 在每个层次上可能带来的机会和挑战。文章还提出了一些管理建议，例如，如何培养 AI 时代所需的技能，如何平衡 AI 与人类之间的协作与竞争关系，如何利用促进社会公平等。

● 思考问题

1. 在日常生活和工作中，你如何保持创造力并持续提高它？
2. 在 AI 时代，AI 工具如何影响和改变我们的创造力？请讨论 AI 在促进人类创造力提升方面的挑战，并分享你对未来人机共创模式的看法。
3. 请分享一个你在面对挑战时成功应用了创造性思维方式的实例。在这个过程中，你是如何克服困难、拓展思维，并最终实现创新的？

特质三：高敏感度

在 AI 技术迅速发展的时代，我们面临着越来越多的信息、情感和道德挑战。为了在这个时代保持竞争力和影响力，提高敏感度变得至关重要。本节将探讨敏感度在 AI 时代的定义与重要性，并介绍一些提升敏感度的有效方法。

定义及重要性

敏感度是指人类对自身和外界的感知、理解、反应和适应的能力。敏感度可以帮助人类捕捉和把握信息、机会等，从而做出更好的判断和决策。敏感度也可以帮助人类与他人建立更好的关系，从而实现更好的合作和共赢。

在 AI 时代，敏感度变得更加重要。一方面，AI 的发展和应用给人类带来更多的挑战，如信息爆炸、竞争加剧、道德困境等。这些挑战要求人类能够快速地感知和理解自身和外界的变化，及时做出适应和调整，以免落后或决策失误。另一方面，AI 的发展和应用也给人类带来更多的机会，如新业务、新创意等。这些机会要求人类能够敏锐地捕捉和把握，积极地做出判断和突破，以免错失。

因此，在 AI 时代，培养敏感度不仅是必要的，也是在打造竞争力。只有拥有高敏感度，我们才能在 AI 时代保持自身的优势和影响力，发现自身的潜力和价值。

提升敏感度的方法

提升信息素养：在信息洪流中抓住灵感之舵

信息素养是在信息社会中获取、评价、使用、传播、创造信息的全方位技能。想象一下，我们置身于一个无边无际的信息海洋中，每个人都是一位航海者，信息素养就是我们手中的航标和指南针。在这个信息繁杂的时代，信息素养可以帮助我们有效地处理和利用海量信息，从中提炼出有用的知识和灵感。同时，信息素养也能帮助我们辨别并抵御不真实或有害的信息，保护我们的权益。

总体来说，提升信息素养不仅能使我们在信息洪流中保持敏锐的洞察力，而且有助于我们辨别和抵抗 AI 的误导，维护个人权益。因此，提升信息素养是我们在 AI 时代保持自身优势和影响力的重要途径。信息素养自我检查方法如表 2-14 所示。

表 2-14 信息素养自我检查方法

方法	具体方式	案例描述	实践技巧	自我检查 （已做、未做）
关注 AI 相关信息	1. 关注 AI 的发展动态、应用案例、影响评估等 2. 了解 AI 的优势和局限、机会和挑战、价值和风险等	通过订阅相关新闻、报告和博客，了解 AI 技术的最新进展和实际应用 学习 AI 技术如何改变行业现状、社会和个人生活，以及其中可能存在的挑战和风险	搜寻和关注 AI 领域的权威媒体信息，定期阅读并学习 通过阅读专业书籍、参加线上课程、与从业者交流等方式了解 AI 的多方面影响	

（续）

方法	具体方式	案例描述	实践技巧	自我检查（已做、未做）
分析 AI 相关信息	1. 分析 AI 的基本原理、逻辑架构、意义和目的等 2. 理解 AI 的工作方式、创造过程、行为动机等	了解 AI 技术如机器学习和深度学习的基本原理，以及它们在实际应用中的效果 学习 AI 技术背后的算法设计和决策过程，探讨 AI 行为的驱动力和目标	学习编程语言和工具，尝试实践 AI 项目，深入了解 AI 技术的实际运作方式 参与 AI 领域的研讨会、论坛和活动，与同行交流思想和经验	
评价 AI 相关信息	评价 AI 的正确性、可靠性、合理性、合法性、公平性和道德性等	对比分析 AI 技术在实际应用中的优缺点，关注 AI 技术可能带来的伦理和法律问题	积极参与有关 AI 伦理和法律问题的讨论，关注 AI 技术在现实中的影响和应用限制	

读者可以使用表 2-14 进行自我检查，了解自己做到了哪些。通过勾选已完成的项目，我们可以更好地跟踪自己在提高信息素养方面的进步，以确保自己在 AI 时代具备足够的敏感度。

提高情商：握稳情绪之舵，在人际交往中找寻平衡

情商全称为情绪智商，是指人在社交场合理解、解读、表达以及调控自身和他人情绪的能力。在日常生活中，情商的重要性越来越明显。它不仅可以帮助我们有效地处理和调整情绪，从而获取生活动力，而且可以帮助我们避免或缓解冲突，从而保护自己。

在 AI 时代，提高情商，增强情绪感知和管理，是提升敏感度的重要途径。AI 可能在处理逻辑问题上表现优异，但在理解和处理复杂的人类情绪上仍有诸多局限。

通过提高情商，我们不仅能在社交场合中更自如，而且能更好地理解和处理自身的情绪，以更健康、更成熟的方式面对生活中的各种挑战。情商自我检查方法如表 2-15 所示。

表 2-15 情商自我检查方法

方法	具体方式	案例描述	实践技巧	自我检查（已做、未做）
观察自己和他人的情绪	1. 观察团队成员在不同情境下的情绪变化和表现 2. 了解自己和他人的情绪特点和需求	在团队合作时，注意观察自己和队友的情绪波动，如激动、焦虑、满意等 了解朋友在面对挫折时可能会感到沮丧，需要鼓励和支持	保持警觉，主动观察他人的面部表情、语气和肢体语言等 与他人沟通，了解他们在不同情境下的情绪反应及应对方式	
理解自己和他人的情绪	1. 理解情绪产生的原因和影响 2. 认识自己和他人的情绪状态和目标	当同事生气时，尝试了解生气的原因（如工作压力）及可能的影响（如影响团队氛围） 自己感到焦虑时，意识到这是担心工作的表现，目标是提高工作效率	倾听并提问，探究情绪背后的需求和期望 反思自己的情绪反应，分析导致情绪变化的因素和情境	
调整自己和他人的情绪	调整情绪强度和方向，使之更符合当前的环境	当朋友感到沮丧时，通过倾听和建议，帮助他们将负面情绪转化为积极行动的动力	学会使用积极心理保持技巧，如正念冥想、认知重塑等	

同样地，读者可以使用表 2-15 进行自我检查，了解自己做到了哪些。通过勾选已完成的项目，我们可以更好地跟踪自己在提高情商方面的进步。

提升艺术和哲学素养：点燃审美之火，启动思辨之轮

艺术和哲学素养是人们在欣赏、理解、创作艺术作品以及在思考、探讨哲学问题上的能力。这种素养可以帮助我们深入地体验生活的美好，激发和培养我们的创造力和想象力，也有助于我们更明智地思考和抉择，完善我们的人生观。

在 AI 时代，提高自身的艺术和哲学素养，提升审美和思辨能力，是提升我们综合素质和敏锐度的重要途径。AI 或许可以学习和模仿人的艺术创作，但它无法领略艺术背后的美，也无法参与深层次的哲学思考。

艺术和哲学素养的提升不是一蹴而就的，而是需要长时间积累和体验的。只要你持之以恒，你会发现艺术和哲学会赋予你全新的视角和思考方式，使你的生活更加丰富、精彩。艺术和哲学素养自我检查方法如表 2-16 所示。

表 2-16　艺术和哲学素养自我检查方法

方法	具体方式	案例描述	实践技巧	自我检查（已做、未做）
欣赏艺术作品	1. 欣赏不同类型、风格、流派的艺术作品 2. 体验和理解艺术的美感和魅力	参观博物馆、画展，观看音乐剧和电影等，了解各种形式艺术的魅力和特点 深入研究艺术作品背后的创作意图、审美价值和历史背景	定期安排艺术活动，拓展艺术视野，培养兴趣 阅读艺术评论、参加讲座和研讨会，与艺术爱好者交流心得	
参与艺术创作	1. 参与各种艺术创作活动，如绘画、雕塑、音乐、舞蹈、戏剧、电影等 2. 实践和表达自己的艺术想法和情感	参与绘画、陶艺、音乐、舞蹈等课程，亲身体验艺术创作过程 参与绘画、舞蹈、音乐、电影等的创作，挖掘和展示个人才华	学习艺术技巧，积极参加艺术社团和活动，实践创作理念 勇于在不同艺术领域尝试，分享作品并接受反馈，持续提高创作能力	
研究哲学问题	1. 研究不同领域、流派的哲学问题，如存在主义、唯物主义、实用主义等 2. 探索和反思人类的本质和命运	阅读哲学名著，了解各种哲学思想的发展历程、核心观点和实际意义 思考如何将哲学理念，如人类的价值观、道德观等应用于现实生活中	参与哲学讲座、研讨会，与哲学爱好者交流思想和经验 深入讨论哲学问题，撰写文章或论文，分享自己的观点和见解	

　　表 2-16 详细列出了提升艺术和哲学素养的方法、案例描述、实践技巧和自我检查，希望能对你有所帮助。你可以根据自己的需求和兴趣，采用这些方法来提高自己的审美和思辨能力。同时，你可以使用表 2-16 进行自我检查，了解自己做到了哪些。

　　在 AI 时代，高敏感度已经成为一种重要的素质和能力。通过提高自己的信息素养、情商、艺术和哲学素养，我们可以更好地应对 AI 时代的挑战和抓住 AI 时代的机遇。让我们共同努力，成为更敏感、更有智慧、更有趣味的人，以便在 AI 时代创造更加美好的未来。

对家长说的话

　　亲爱的家长们：

　　在前文中，我们讨论了学习力和创造力的重要性。这里，我再分享一个同样重要的特质，那就是敏感度。

　　在 AI 时代，我们被海量信息和复杂的情感、道德挑战所包围，因此敏感度显得尤为重要。我们希望孩子能够灵敏地感知周围世界的变化，理解和捕捉新的信息和机会，快速适应环境并应对各种挑战。

　　作为家长，我们应该如何帮助孩子提高敏感度？

　　首先，我们要帮助他们提高信息素养。在这个信息爆炸的时代，我们要教会孩子有效地获取、评价、使用和创造信息，鼓励他们主动关注新信息，深入分析和理解这些信息，客观评价这些信息的真实性和价值。

　　其次，我们要教育孩子理解 AI 的特性和原理。AI 正在改变我们的生活和工作方式，我们需要让孩子了解 AI 的工作原理，理解它的优势和局限，掌握与 AI 合作的方式。

最后，我们要培养孩子的道德和情感敏感度。在 AI 时代，道德和情感问题变得更加复杂和具有挑战性。我们要教育孩子理解和尊重多元的价值观，学会在道德和情感问题上做出正确的判断和决策。

同样地，我提供表 2-17 来帮助评估孩子的敏感度。

表 2-17　孩子敏感度评估

技能和特质	评分 1～5（1 表示需要改进，5 表示优秀）
对信息的感知和理解能力	
对 AI 的理解和适应能力	
道德和情感问题判断和决策能力	
对新信息和机会的反应能力	

希望这个表能帮助家长了解孩子的当前状态，并指导他们提高敏感度。我们要鼓励孩子勇于接受挑战，持续学习和创新，发掘自己的潜力。

在 AI 的时代，我们希望每一个孩子都能拥有高敏感度，积极应对各种挑战，创造更美好的未来。

● 扩展阅读

1. Ethics of AI: A Systematic Literature Review of Principles and Challenges

这是一篇综述文章，探讨了人工智能的伦理原则和挑战。文章收集了近年来各个组织和机构制定的人工智能伦理指南和原则，分析了它们之间的共性和差异，以及影响人工智能伦理实践的障碍。

● **思考问题**

1. 在 AI 时代，你认为个人敏感度的提升对应对技术发展带来的挑战有哪些积极作用？请结合生活经验或职业背景谈谈你的看法。

2. 根据文中所提到的提高信息素养、情商、艺术及哲学素养的方法，你觉得哪些方法在日常生活和工作中最为实用？请分享一些成功的实践案例。

3. 对于 AI 时代的敏感度问题，除了文中提到的方法，你还能想到其他哪些方法？请谈谈你的观点，并讨论这些方法可能带来的好处和挑战。

教育不是灌输知识，而是激发对知识的渴望。

——约翰·杜威（John Dewey）

Artificial Intelligence, AI

CHAPTER 3
第三章

AI 改变教师角色

随着 AI 的出现，教师的角色定位正在发生着根本性改变。他们不再仅仅是知识的传递者，更是学生学习的引导者，帮助学生在 AI 的辅助下更有效地学习和探索。

在本章中，首先回顾教育学家关于教师角色的讨论，分析如何面对 AI 带来的变化。接下来，讨论教师角色定位的演变——从知识传递者到学习引导者，以及这种演变如何影响教育。然后，探讨 AI 时代教师角色重塑的 3 个方向：工具、替代与融合，以及这些方向对教育行业的意义。最后，通过两个奇妙的案例来说明 AI 如何重塑教师角色。

第一节　教育学家关于教师角色定位的讨论

在教育领域，教师角色定位一直是一个热门话题。不同的教育学家对于教师应该扮演什么样的角色有着不同的看法和主张。随着 AI 技术的发展和应用，教师也面临着新的挑战和机遇。本文首先介绍教育学家们关于教师角色定位的讨论，以约翰·杜威、玛利亚·蒙台梭利、保罗·弗莱雷、列夫·维果茨基和詹姆斯·A. 班克斯为例，分析他们对于教师角色的不同理解和主张；然后探讨 AI 在这些主张下的实际应用。

约翰·杜威：教师作为指导者与协作者

约翰·杜威

　　约翰·杜威（1859—1952）是美国著名教育家和哲学家，被认为是现代教育学的奠基人。杜威主张让学生"由做事而学习"，认为教师应该是学生学习过程中的指导者与协作者。在杜威看来，学生应通过实践活动和探究式学习来掌握知识与技能。教师的任务在于激发学生的兴趣和积极性，鼓励他们主动参与学习过程，引导他们解决实际问题。

　　在 AI 时代，AI 可以协助教师更好地扮演指导者和协作者的角色。例如，AI 可以帮助教师个性化地指导学生，提供适合每个学生的学习资源和任务，以满足不同学生的需求。此外，AI 还可以辅助教师进行协作式教学，让学生在团队合作中共同解决问题，培养他们的沟通和协作能力。

玛利亚·蒙台梭利：教师作为观察者与环境创设者

玛利亚·蒙台梭利

　　玛利亚·蒙台梭利（1870—1952）是意大利教育家，她创建了蒙台梭利教育法（Montessori Method）。这是一种以儿童为中心的教育理念。蒙台梭利认为，教师的角色是观察者和环境创设者。她主张，儿童在适当的环境中可以自发地发展和学习。因此，教师需要创设一个充满挑战和机会的学习环境，让儿童在其中自由探索，发现自己的潜能。

　　在 AI 时代，教师可以利用智能教育工具来更好地观察学生的学习过程，并根据学生的需求调整教学方法和学习环境。例如，教师可以通过数据分析发现学生的学习难点和兴趣，为他们提供更具针对性的资源和支持。此外，教师还可以利用虚拟现实和增强现实技术来创设更丰富和多样的学习环境，激发学生的学习兴趣。

保罗·弗莱雷：教师作为解放者

保罗·弗莱雷

保罗·弗莱雷（1921—1997）是巴西教育家和哲学家，他提出了"解放教育"理念。弗莱雷认为，教育不仅是知识传授的过程，更是帮助学生认识和改变社会现实的过程。在他看来，教师应该是解放者，帮助学生发现社会不公，并培养他们的批判性思维和行动能力。

在 AI 时代，AI 可以扮演重要的辅助角色。通过使用 AI 分析和提取全球范围内的社会问题及案例，教师可以更容易地引导学生进行批判性思考。同时，教师还可以利用 AI 协助学生在现实世界中解决问题，提高他们的实践能力。

列夫·维果茨基：教师作为媒介者

列夫·维果茨基

列夫·维果茨基（1896—1934）是苏联心理学家和教育家，他提出了"社会文化理论"。维果茨基认为，学习是一个社会化的过程，教师应该扮演媒介者的角色，帮助学生在与他人的互动中获得知识和技能。他强调"懂得更多的他者"（More Knowledgeable Other，MKO）在学习过程中的重要作用，指出教师和同伴可以协助学生实现"实际发展水平"和"潜在发展水平"之间的过渡。

在 AI 时代，教师可以将 AI 工具作为更有能力的其他人，支持学生的学习。例如，教师可以利用 AI 提供实时反馈，帮助学生纠正错误和解决问题。同时，教师也可以利用 AI 促进学生之间的互动和协作，让他们在团队中相互学习、共同成长。

詹姆斯·A. 班克斯：教师作为学习目标的设计者

詹姆斯·A. 班克斯

詹姆斯·A. 班克斯是美国多元文化教育领域的代表人物。班克斯认为，教师应该是学习目标的设计者，应关注学生的多样性和个体差异。他强调，教育应该包容并尊重学生的文化背景，培养他们的全球意识和公民素养。

在 AI 时代，教师可以更有效地实现班克斯的教育理念。教师可以利用大数据和机器学习识别学生的多样性需求，设计个性化和多元化的学习目标。此外，教师还可以利用 AI 教学资源，如虚拟现实和在线合作平台，培养学生的跨文化交流和全球视野。

表 3-1 总结了这些教育学家的观点及其如何与 AI 技术相结合。

表 3-1   教育学家的观点及其如何与 AI 技术相结合

教育学家	教师角色	与 AI 技术相结合的方式
约翰·杜威	指导者与协作者	个性化指导、协作式教学
玛利亚·蒙台梭利	观察者与环境创设者	智能观察、创设个性化的学习环境
保罗·弗莱雷	解放者	引导批判性思考、解决社会问题
列夫·维果茨基	媒介者	提供实时反馈、促进学生互动
詹姆斯·A.班克斯	学习目标的设计者	设计个性化和多元化的学习目标、培养跨文化交流和全球视野

我们发现，在 AI 技术的支持下，教师可以更好地发挥价值，为学生提供更加个性化、多元化和富有挑战性的学习体验。虽然 AI 技术带来了许多机遇，但我们也需要警惕其可能带来的风险，如数据隐私、技术依赖等问题。在 AI 时代，教育工作者应该在继承和发展教育学家的理念的基础上，关注风险，共同探索新的教学实践，为学生创设更好的学习环境。

对家长说的话

亲爱的家长们：

这里介绍了一些教育学家对教师角色的不同理解。作为家长，你在孩子的教育过程中同样扮演着教师的角色。但我们每个人都有自己的教育理念，可能与某位教育学家的观点更为契合。接下来，我提供了表 3-2，帮助你了解自己的教育理念更接近于哪位教育学家的观点。

表 3-2　自我教育理念与一些教育学家观念的契合度评估

教育学家	理念	与自己的契合度 1～5（1 表示完全不同，5 表示高度一致）
约翰·杜威	教师作为指导者与协作者，通过实践和探究式学习引导孩子学习	
玛利亚·蒙台梭利	教师作为观察者与环境创设者，创设有益于孩子自我发展的环境	
保罗·弗莱雷	教师作为解放者，帮助孩子认识和改变社会现实，培养批判性思维	
列夫·维果茨基	教师作为媒介者，促进孩子在社会互动中学习	
詹姆斯·A.班克斯	教师作为学习目标设计者，尊重和包容学生的个体差异和文化背景	

　　你可能发现，自己的教育理念并不完全符合上述任何一位教育学家的观点，这是正常的，因为每个人都有自己的独特性。这张表的目的是帮助我们认识和反思自己的教育理念，并通过了解不同的教育观点，丰富和改进自己对孩子的教育方法。

　　请记住，不管你秉持什么样的教育理念，最重要的是尊重和理解孩子的需求，关注他们的发展，用爱和理解引导他们学习。每一个孩子都是独一无二的，他们需要我们的支持和鼓励，以发现自己的潜能，探索世界，实现自我成长。

　　在 AI 时代，我们有更多的工具和资源可以用来教育和指导孩子。但无论技术如何发展，我们的目标始终是培养孩子的创新能力、批判性思维和人文素养。我们希望孩子能在快速变化的世界中找到自己的位置，成为未来社会的积极建设者。

● 扩展阅读

1. What is the role of teachers in preparing future generations?

　　这篇文章强调了教师在培养学生的世界公民意识和跨文化交流能力方面的重要作用，提出了一些促进教师专业发展的建议。

2.　Redefining the Role of the Teacher: It's a Multifaceted Profession

　　这篇文章探讨了教师在 21 世纪的新角色和新挑战，主张教师应该从传统的知识传授者转变为学习设计者、学习者、合作者和变革者。

● 思考问题

1. 在 AI 时代，如何平衡教师角色与辅助工具的关系，以确保教学质量不受影响？
2. 你觉得 AI 技术如何更好地助力教师落实不同教育学家的观点？
3. 如何应对 AI 技术给教育行业带来的风险（例如数据隐私、技术依赖等问题），以确保教育公平和有效性？

第二节　演进：从知识传递者到学习引导者

　　在 AI 背景下，教育行业面临着巨大挑战和机遇。教师角色从知识传递者到学习引导者的转变，贯穿了对教育对象本身的平等思考。本节将回顾教师角色的演进历程，特别关注这种转变及其对教育的影响。

　　教师的演进历程：从知识传递者到学习引导者。

古代教育中的教师：知识传递者

　　在教育的悠久历史中，古代教师作为知识的守门人和推动者，在社会中扮演着非常重要的角色。他们不仅是传统智慧的传承者，也是新知识的创造者和塑造者。在那个时期，他们的主要任务是倾尽全力去传播和教授知识，将复杂的概念和理论转化为易于理解和学习的形式。

　　古代希腊哲学家柏拉图是这种教育思想的典型代表人物。他坚信教育不仅仅是传递信息的过程，更是启发和引导学生去发现生活中的真理和美好的过程。在他的杰作《理想国》中，柏拉图详细描绘了他梦想中的教育体系。这个理想的教育体系包含数学、几何、天文、音乐等多个知识领域，还设立了严格的选拔机制和培养体系。

　　柏拉图的思想在他的学生亚里士多德以及儒家学派创始人孔子中都得到了印证。他们都强调了教育在启发和引导学生思考方面的重要性。他们认为，真正的教育不是单向的灌输，而是双向的交流和互动。他们主张教师在传递知识的同时，尊重学生的观点，从而创造出一种环境，能够激发学生的求知欲和思考，让学生的心灵在寻求真理的路上保持热情和好奇心。

中世纪教育中的教师：权威传递者与个人意志激发者

在中世纪，教育和教师的角色发生了深刻的转变。在那时，教师不仅是知识的传递者，更重要的是，他们成了权威的象征和传播者。在这个历史阶段，教育体系鼓励并强调对权威的尊重和信仰，教师因此被赋予了更高的地位。

例如，在中世纪欧洲的大教堂学校和大学中，教师不仅是知识的传播者，更是社会和教会权威的代表。他们负责讲解教会的教义，解答信徒的疑惑，塑造社会的道德和伦理标准。他们的言辞和行为被视为不可质疑的真理，他们的权威使他们在社会中享有很高的声望和影响力。

然而，英国教育家约翰·洛克的观点在这个时代独树一帜。他不仅强调了教育对人类自由和幸福的重要性，更倡导了儿童的个性化和温和化教育方法。洛克认为，教育的目的并不仅仅是传授知识，更重要的是培养学生的独立思考和自主选择能力。

洛克的观点揭示了一个重要的转折点，即教育的目的不仅在于服从权威，而且在于激发个体的思考和自由意志。这种转变将教师角色从单纯的权威传递者转向了学生思考和发展的引导者，从而为教育带来了新的视角和可能性。

洛克的教育思想对后世产生了深远的影响。他的观点推动了教育理念的变革，使教师不再仅仅是权威的代表，而是更多地作为引导者，激发学生的思考和探索，帮助他们找到属于自己的道路，培养他们成为有独立人格和独立思想的个体。这种从权威到自由的转变，为教育的未来带来新的挑战和期待。

文艺复兴时期的教师：人文主义传播者与自由思想启蒙者

当我们谈论文艺复兴时期的教育和教师角色，我们必须谈到其中一股重要的思潮：人文主义。这一思潮挑战了中世纪封闭和神秘的思想观念，提倡世俗主义，强调人的自由意志，宣扬个体的价值，尊重理性和科学的探索。在这个时期，教师的角色发生了显著转变，他们不再只是教会权威的传播者，而成为新知识和思想的启蒙者。

意大利的人文主义者皮科·德拉·米兰多拉是这个时期的代表人物。他认为教师的角色不仅是传授知识，而是通过知识的启蒙，帮助学生发现自我，拓宽视野，形成独立的思维和判断。他鼓励学生对传统观念进行质疑，强调人性的优越和独立性，倡导个人自由和全面发展。

此外，埃拉斯谟也是这一时期具有代表性的教育家。他主张学生通过阅读古代圣贤的著作，获得真实的知识和智慧。他希望教师能够像朋友和指导者一样帮助学生发现知识，而不是强迫他们接受既定的知识和观念。埃拉斯谟的教育观念深深影响了文艺复兴时期的教育，他的教学方法促进了学生独立思考和探索真理。

另外，文艺复兴时期的教师也扮演着艺术传播者和提倡者的角色。艺术同样被视为知识的重要来源，艺术教育也被高度重视。这一时期的教师通过教授音乐、绘画、雕塑等艺术，激发学生的创造力和想象力，培养他们对美的追求和欣赏能力。

在这个时期，教师的角色从权威的象征者和传播者转变为人文主义传播者和自由思想启蒙者。他们强调个人的自由，倡导理性和科学的探索，为学生独立思考和全面发展提供了新的可能性。这一转变为后世的教育带来了深远影响。

19 世纪教育中的教师：知识和技能型导师

在 19 世纪，随着教育改革的推进，教师的角色和职责开始发生深刻变化。这个时代的教师不再仅仅是知识的传播者，进化为知识和技能型导师。他们不仅要承载和传递学术知识，还要引导和帮助学生掌握实用技能，从而让他们为未来生活和职业生涯做好充足准备。

德国教育家弗里德里希·弗洛贝尔是这种教育思想的代表性人物。他的创新观念和实践推动了教育的进步。他创立了幼儿园这一全新的教育机构，并首次将 Playway 方法引入教学，强调游戏和活动在儿童学习中的关键作用。他倡导通过游戏、活动和自然观察来激发孩子的想象力和创造力。在弗洛贝尔的理念中，教师应该成为引导者和协助者，创造一个富有创新和探索氛围的学习环境。

同样在这个时期，约翰·赫尔巴特也为教育的发展做出了重要贡献。他提出了五步教学法。这是一种以学生为中心的教学方法，强调教师在教学过程中应该关注学生的认知发展和内在动机。赫尔巴特认为，教师不仅是传授知识和塑造技能的导师，更是学生个性发展的引导者，他们应该在教学中尊重每个学生的个体差异，激发他们的兴趣，引导他们进行有效的学习。

这个时代的教育改革为教师角色赋予了新的内涵，教师的角色已经从单纯的知识传播者转变为知识和技能型导师，而且更重视对学生个体的关注和培养。这是教育历史上的一个重要转折点，对今天的教育实践仍然具有深远的影响。

20 世纪教育中的教师：学习中的合作者

在 20 世纪，教师的角色再次发生了深刻变化。在这一时期，教师不再仅仅被视为知识和技能型导师，已经转变为学生学习合作者，与学生一同参与到学习和探索的过程中。

美国教育家约翰·杜威在这场转变中扮演了重要角色。他倡导了一种实践性和探究性的教学方法，强调教师应该成为学生合作者。他认为，教育的最终目标是培养出能够解决实际问题，具有创新精神和社会责任感的个体。

在杜威的教育理念中，教师更像是学生的学习伙伴，他们和学生一同参与到问题的解决过程中，引导学生开展批判性思考，学习如何与他人协作，如何适应不断变化的环境。教师在教学中鼓励学生发问和探索，激发他们的好奇心和创新精神，从而更好地培养他们的独立思考和解决问题能力。

　　同样地，意大利教育家玛利亚·蒙台梭利也对教师角色进行了深刻反思。她强调教育的实践性和探索性，提倡在教育过程中尊重和关注儿童的需求和潜能。她认为，每个孩子都是独特的，教育应该帮助他们发现并发展自己的潜能，激发他们的创造力和想象力。在这一理念下，教师更像是孩子成长的伙伴和协助者，他们为孩子提供必要的支持和资源，帮助他们在探索和发现中成长。

　　这个时代的教育改革使教师的角色更加丰富和多元，他们不再仅仅是知识的传递者或技能的塑造者，而是成为学生学习的合作者。这种转变为教育带来了深远影响，让教师更加关注学生的个性发展和创新能力的培养，为推进教育发展打开了新视野。

21 世纪教育中的教师：学习引导者和创新者

进入 21 世纪，我们正处在一场由 AI 技术驱动的教育革命中。在这个时代，教育体系受到了深刻影响，教师的角色也在发生重大转变。他们的任务不再局限于传递知识和技能，而更多地转向激发学生的学习动力，协助学生提出并探索问题，梳理清晰的学习需求，以及引导学生创造性地思考。

这一角色的转变要求教师具有跨学科知识、深厚的教育使命感，以及出色的沟通和协作能力。他们需要与各种新型的教育工具，包括 AI 工具，紧密协同，共同为学生打造更加丰富、更加灵活、更加个性化的学习体验。

在 AI 背景下，教师不再是知识的唯一来源，更像是学习的设计者和引导者。他们的工作是搭建一个有利于学生自我学习和发展的环境，引导学生有效地利用各种资源，包括 AI 技术，来丰富自己的知识和技能，解决复杂的问题。在这个过程中，教师需要关注每个学生的需求和兴趣，尊重他们的个性，引导他们培养批判性思考和创新能力。

同时，教师还需要具备一定的 AI 知识和技能，能够有效地利用 AI 技术来优化教学。这可能包括利用 AI 进行个性化教学，跟踪学生的学习进度，或者利用 AI 来创造富有挑战的学习情境。教师已经从传统的知识传递者转变为一名创新的教育技术应用者和学习引导者。

总体来说，21 世纪的教师在 AI 背景下，正在经历一场前所未有的角色转变。这种转变既带来了挑战，也带来了机遇。它要求教师不断学习，不断创新，以应对快速变化的教育环境，同时也为教育的发展打开了新的可能性。教师角色演变对比如表 3-3 所示。

表 3-3　教师角色演变对比

历史阶段	教师角色	主要特点
古代教育	知识传递者	启发学生发现真理，尊重学生观点，激发求知欲和思考能力
中世纪教育	权威传递者与个人意志激发者	强调对权威的尊重和信仰，培养独立思考和自主选择的能力
文艺复兴时期教育	人文主义传播者与自由思想启蒙者	强调个人的自由，倡导理性和科学的探索
19 世纪教育	知识和技能型导师	通过实用技能培训，关注学生的认知发展和内在动机
20 世纪教育	学习中的合作者	实践性和探究性教育，关注儿童需求和潜能，发挥创造力
21 世纪教育（AI 背景下）	学习引导者和创新者	激发学生学习动力，引导创造性思考，跨学科学习，与 AI 技术协同工作

　　教师角色从知识传递者、权威传递者、知识和技能型导师，到学习引导者和合作者，再到学习引导者和创新者，这个演变反映了教育理念和方法的变化，以及社会对教育角色的不同期待，尤其是在 AI 背景下，教师应更加重视培养学生的创新性思维、跨学科学习能力，以适应新时代教学。这样的角色转变对教师的素质和能力提出了更高的要求，也为教育事业的发展注入了新的活力。

对家长说的话

　　亲爱的家长们：

　　教育是一项责任重大的任务。我相信每位家长都希望自己的孩子在知识获取和能力培养方面得到最好的引导。这就需要我们每个人作为孩子的第一任老师，深入思考我们的教育方法和角色。

传统上，我们可能认为家长的角色是"权威的传递者"，将知识和规则传递给孩子，注重孩子的服从和规则的遵守，这对于培养孩子的责任感有一定价值。然而，这并非教育的全部。

当我们进入一个知识迅速更新的时代，我们更需要成为知识和技能型导师，注重教育孩子如何学习，而不仅仅是教给他们知识。我们要培养孩子批判性思考、问题解决，以及独立学习的能力。这样，他们才能在日新月异的未来社会中自我调整、健康成长。

为了帮助你更好地评估自己当前的角色，我们提供了表 3-4。

表 3-4　家长角色自我评估

评估项目	权威的传递者	知识和技能型导师	学习引导者和合作者	学习引导者和创新者
在孩子遇到问题时，我会……	直接告诉他们答案	向他们解释如何找到答案	和他们一起寻找答案	鼓励他们用新的思维方式寻找答案
当教孩子新的事物时，我会……	简单地传授信息	教他们相关技能	与他们一起学习和实践	鼓励他们探索并创新
孩子犯错误时，如何处理	我会纠正他们	我会教他们如何避免错误	我会引导他们自我纠正	我会鼓励他们从错误中学习和创新
在教育孩子时，我更倾向于……	指导他们完成任务	教他们解决问题的技能	与他们一起完成任务和解决问题	鼓励他们自我驱动地完成任务和解决问题
技术在教育中的应用	基本不使用	有时会使用一些技术工具辅助教学	积极应用新的教育技术	乐于探索和创新教育技术的应用

如果你在某一列上的选择较多，你可能更倾向于是该列所属的教育角色。请注意，这个评估更多的是让你了解自己的教育风格和方法，同时帮助你理解自己可能需要在哪些方面进行提升或者调整。我们都在不断地学习和进步，让我们一起努力，成为孩子最好的引导者和合作者。

● 扩展阅读

1. The Evolution of the Teaching Role Teacher Horizons

这篇文章探讨了教师角色在 21 世纪的变化和挑战，以及教师如何应对技术进步和经济全球化的影响。文章从孔子的教育思想开始，回顾了教师角色的演变，然后分析了教师从知识传授者到知识引导者，以及从解释变化到拥抱变化的转变。文章最后给出了一些建议，如如何培养学生的自我意识、批判性思维和创造力，如何利用技术和社交媒体促进学生学习，以及如何与其他教师和专家建立合作关系。

2. How the role of a teacher has evolved

这篇文章总结了教师角色在过去几十年中的演变，以及教师如何从知识传授者转变为学习促进者。文章指出，目前教师的主要工作是设定学习目标和设计学习过程，促使学习发生，而不是像过去那样被视为知识的传播者。文章还强调了教师在培养学生自我意识、批判性思维和创造力方面的作用，以及教师如何利用技术和社交媒体来促进学生学习。文章最后提出了一些关于教师职业发展和持续学习的建议。

● 思考问题

1. 在 AI 背景下，教师如何平衡人工智能技术与传统教育之间的关系，以充分发挥两者的优势，为学生提供更好的学习体验？
2. 在教师角色从知识传递者向学习引导者转变的过程中，如何确保学生能够在掌握知识的同时，培养独立思考、创新能力和团队协作精神？
3. 随着教师角色的转变，教育制度和教学方法也需要相应调整。你认为当前的教育制度和教学方法是否能满足 AI 时代的需求？如何改进以适应时代发展？

第三节　AI 融入教师角色的 3 个方向

如同上一节所提及的，随着 AI 技术的发展，AI 给教师角色带来改变，特别是在工具应用、部分工作替代、融合共生方面。本节将探讨 AI 在这三个方面带来的具体变化及其对教育领域的影响，并结合实际案例、深入探讨挑战与风险，关注教育公平等问题。

工具应用：AI 给教师提供便利和支持

教师的教学活动大致可以分为以下几个阶段：收集资料、备课、上课教学、辅导和复习、设计和评估测试。下面结合具体的例子，详细分析 AI 在每个阶段如何给教师提供帮助，以及使用与否的差别。

收集资料

教师在教学前首先需要收集各种资料，包括研究报告、网络资源等。但在众多教学资源中，找到适合自己教学和学生理解的资料往往需要花费大量时间。

借助 AI，教师可以通过输入关键词快速搜索相关资料。AI 可以从海量信息中筛选出高质量、适用于特定课程和学生群体的教学资源，极大地提升了资源收集的效率和准确度。例如，在准备一节关于《红楼梦》

巨著的语文课时，教师可以使用 AI 工具搜索相关的教学视频、习题和相关的文献等，不仅节省了大量时间，而且可以找到多角度、多层次理解的教学资源。如果没有 AI 工具，关于《红楼梦》的汗牛充栋的材料恐怕很容易令老师们筋疲力尽。

是否使用 AI 收集资料的对比如表 3-5 所示。

表 3-5　是否使用 AI 收集资料的对比

使用 AI	不使用 AI
能够快速筛选出高质量、适合自己教学和学生理解的教学资源	在海量信息中寻找合适的教学资源需要大量时间和精力
多角度、多理解层次的教学资源丰富了教学内容和形式	教学资源单一，难以满足不同层次和需求的学生

备课

备课是教师把教学内容、教学方法、教学手段、教学过程、教学评价等要素综合起来设计具体可行的教学方案的过程。这个过程需要教师深入理解课程内容，设计出富有吸引力的创新教学方案。

AI 可以帮助教师分析学生的学习喜好和需求，以此为依据设计出更符合学生需求的课程。此外，AI 还能提供丰富的教学策略建议，组织课堂教学，设计教学活动，以提高教学效果。

还是以《红楼梦》教育为例，教师可以利用 AI 技术分析学生对《红楼梦》的学习情况和兴趣，进而设计出更有针对性的教学活动。同时，AI 还能提供《红楼梦》的教学案例、策略建议，帮助教师优化课堂组织和活动设计。现在，很多的工具就是为教师备课方便而设计的，譬如 Edmodo。

是否使用 AI 备课的对比如表 3-6 所示。

表 3-6   是否使用 AI 备课的对比

使用 AI	不使用 AI
个性化的教学方案，更符合学生需求	需要教师凭经验和直觉设计教学方案，可能与学生需求有一定差距
教学策略丰富，易于优化教学过程	优化教学过程需要教师在反思中积累大量经验

上课教学

上课教学是教师与学生直接互动的过程，其质量直接影响学生的学习效果。在传统的教学模式下，教师需要应对各种突发状况，如调整教学进度等。

AI 可以实时分析学生的反馈，为教师提供即时的教学建议。同时，AI 还可以自动回答一些常见问题，让教师更专注于教学本身。

让我们继续以《红楼梦》教学为例，教师可以通过 AI 实时获取学生的反馈，及时调整教学进度和策略。同时，教师还可以利用 AI 回答学生的常见问题，如《红楼梦》创作的背景信息、作者信息等，从而有更多精力关注学生的理解并进行教学反思。ClassDojo 就是这类 AI 工具的佼佼者。

是否使用 AI 上课教学的对比如表 3-7 所示。

表 3-7   是否使用 AI 上课教学的对比

使用 AI	不使用 AI
实时获取学生反馈，及时调整教学策略	需要教师凭经验和直觉调整教学策略
自动回答常见问题，释放教师精力	教师需要亲自回答所有问题，可能影响教学进度

辅导和复习

教学过程中的辅导和复习是提高学生学习效果的重要环节。在传统的教学模式下，教师需要花费大量时间进行个别辅导和答疑。

AI 能为教师提供个性化的辅导建议和答疑服务。例如，根据学生的学习历程和能力，AI 可以为每个学生推荐个性化的复习策略和资源。同时，AI 还能自动回答学生的常见问题，极大地减轻了教师的工作负担。

在进行《红楼梦》这样的鸿篇巨著的内容复习时，教师可以让 AI 根据每个学生的学习情况推荐复习策略，如重点复习人物关系，多看分析文章等。同时，AI 还能自动回答学生的常见问题，如《红楼梦》中人物关系疑问，以释放教师精力。

是否使用 AI 辅导和复习的对比如表 3-8 所示。

表 3-8　是否使用 AI 辅导和复习的对比

使用 AI	不使用 AI
提供个性化的辅导和复习策略，更符合学生需求	需要教师亲自设计复习策略，可能无法满足每个学生的需求
自动回答常见问题，释放教师精力	教师需要亲自答疑，可能影响其他教学工作

设计和评估测试

测试是评估学生学习效果的重要手段，但设计和评估测试通常需要花费大量时间和精力。

AI 可以帮助教师自动生成和评估测试。例如，AI 可以根据教学内容自动生成测试题目，同时根据学生的答案自动评分和提供反馈，极大地提升了测试效率和质量。

例如，在进行《红楼梦》这类繁杂内容的测试时，教师可以利用 AI

自动生成与课程内容相关的题目，如人物关系的选择题、剧情理解的简答题等。同时，AI 还能自动评分和提供反馈，帮助教师快速了解学生的学习情况。

当然，AI 可以帮助教师批改作业，节省他们的时间，释放他们的精力，让他们更专注于教学本身。Turnitin 等在线平台能有效检测抄袭并提供反馈，帮助教师提升学生的写作能力。

是否使用 AI 设计和评估测试的对比如表 3-9 所示。

表 3-9　是否使用 AI 设计和评估测试的对比

使用 AI	不使用 AI
自动生成测试题目和评分，大大提升测试效率	需要教师亲自设计测试题目和评分，花费大量时间和精力
自动反馈，帮助教师快速了解学生学习情况	需要教师亲自阅卷和反馈，可能延迟了解学生学习情况

AI 为教师的教学工作提供了强大的支持，不仅提升了教学效率，还优化了教学质量。对于教育工作者来说，我们需要放下对新事物的恐惧和疑虑，勇敢地去尝试，去接受 AI 的帮助，这样我们才能更好地为学生提供服务，为教育事业发展做出更大的贡献。

部分工作替代：AI 在部分场景下能替代教师的工作

随着人工智能的发展，其替代人力的能力变得越来越明显。当我们在抖音、小红书等平台看到众多数字人主播，或者人工智能制作的逼真视频时，我们可能意识到这是一个新的技术革命时代已经到来。在这个革命中，教育领域也不例外。AI 已经开始在以下场景扮演教师的角色。

- **在线教育虚拟化**：在传统在线教育中，实时互动教学大部分依赖人类教师。然而现在，AI 展现出其替代性，能够作为虚拟教师，为学生提供全天候的教学服务。例如，英国的 Woolf 大学正在利用 AI 技术创建 Woolf University Online 平台，设计的虚拟教师可以为学生提供课后提问、作业批改等全方位的教学服务。在这种情况下，学生可以在任何时间、任何地点学习，而无须依赖特定的教师在特定时间教学学习。这显然是对教师人力的一种替代。

- **语言学习自动化**：传统的语言学习通常需要口语练习和发音纠正。如今，AI 可以接手这些任务。以英语学习应用 Duolingo 为例，它利用 AI 技术为用户提供语音识别和发音评估。这样，即使在没有教师的情况下，学生也可以进行有效的口语练习和发音纠正。这种做法大大减少了对教师的依赖。

- **自主学习个性化**：对于那些自主学习的学生，AI 可以替代教师，根据学生的学习历程、进度和兴趣，为他们提供个性化的学习计划和资源。例如，IBM 的 Watson 教育平台可以生成个性化的学习计划并提供针对性的学习资源，使学生无须依赖特定教师的指导就能进行有效的学习。

这只是冰山一角，AI 正在对教师的更多工作进行替代。这可能会让教师和其他所有感受到 AI 影响的职业人员一样，对未来感到不安。或许，我们应该更加开放地去接受并利用 AI，因为这可能是我们适应未来环境的更好的选择。这也是我们在下一节深入探讨的话题。

融合共生：AI 与教师共同塑造教育的未来

在对 AI 在教育领域的作用进行深入探索时，我们发现，理想的状态并非将教师与 AI 单纯地划定为使用者与工具（或被替代者与替代者）。在新的教育模式中，更为关键的是实现融合共生，共同推动教育的发展。以下是一些具体的例证。

- 教师培训：AI 技术能够协助教师提升他们的教学技能。例如，AI 可以通过分析学生的学习数据，为教师提供针对性的教学建议，从而帮助他们改进教学方法和技巧。这样的协作模式在没有融合的情况下，是无法实现的。

- 协同教学：在教学过程中，教师能与 AI 协同工作，将自身的专业知识和 AI 的计算能力结合起来，以此为学生提供更加丰富、多元的学习体验。例如，教师可以在课堂上运用 AI 设计的教学活动，并结合自己的经验进行调整，以提高教学效果。

- 教育研究与创新：在教育研究和创新领域，AI 技术同样能发挥重要作用。例如，AI 能够通过分析大量的学生数据，帮助研究人员发现教育领域的新趋势和问题，从而为教育改革提供强有力的数据支持。

在融合共生的过程中，教师与 AI 互为补充，共同进步，携手为教育事业发展做出更大的贡献。AI 技术在教育领域的影响正在从工具应用、部分替代逐步演变为与教师的融合共生。因此，各方应对这些变化所带来的挑战与机遇保持关注，以确保教育公平性和学生的全面发展。

通过对这三个方向的深入探讨，我们可以更好地理解 AI 技术对教师角色的影响，以及如何充分利用这一技术推动教育事业的发展。

对家长说的话

亲爱的家长们：

随着技术的发展，AI 在教育领域的应用逐渐增多，对教育者的角色定位产生了深远影响。对于我们家长来说，这些影响也带来了新的挑战和机遇。在此，我们探讨了 AI 融入教育的 3 种可能的方式：作为工具、替代教师部分工作以及与教师融合共生。

这里，我提供一些测试题，帮助家长更好地了解自己对使用 AI 进行家庭教育的态度。测试问题有 8 个，每个问题的答案范围为 1～5，其中 1 表示"非常不符合"，5 表示"非常符合"。在完成后，请参考后面的解读，了解自己在家庭教育中使用 AI 的程度。

1. 我经常使用 AI 来辅助孩子的学习。（1～5）

2. 我将 AI 视为孩子学习的主要方式。（1～5）

3. 我认为 AI 可以替代教师的一部分工作。（1～5）

4. 我愿意和 AI 共同参与到孩子的教育中，形成融合共生的教学模式。（1～5）

5. 我对教育 AI 的主要关切是其对教育公平性的影响。（1～5）

6. 我对教育 AI 的主要关切是其可能影响孩子的人际交往能力。（1～5）

7. 我对教育 AI 的主要关切是其教育效果。（1～5）

8. 我对教育 AI 的主要关切是孩子可能过度依赖 AI。（1～5）

解读：如果你的分数在 1～2 范围内，那么你可能更倾向于传统的教育方式，对 AI 的应用持谨慎态度。如果你的分数在 2～3 范围内，那么你可能正在探索 AI 的应用，同时对其有一些保留看法。如果你的分数在 4～5 范围内，那么你可能已经积极地接纳 AI，并看到其在教育中的潜力。

请注意，这里的测试不能替代专业的建议。每个家庭的情况都是独特的，适合你的可能并不适合其他人，所以在决定如何使用 AI 时，应该以孩子的需求和学习风格为导向。

希望这篇文章可以帮助你更好地理解 AI 在教育中的角色，以及你自己在其中的角色。相信家长作为孩子教育的一部分，有能力利用 AI 为孩子创造更好的教育环境，助力孩子更好的成长。

● 扩展阅读

1. The Role of the Teacher and AI in Education

这篇文章探讨了 AI 在高等教育中的风险和收益，认为 AI 不会、也不应该、甚至不能取代教师，因为教师有着独特的人性。作者认为，要保证未来的优质教育，就必须利用教师独特的专业知识。

2. How artificial intelligence will impact K12 teachers

这篇文章基于麦肯锡的调查数据，分析了现有和新兴技术如何帮助教师更好、更高效地完成工作。作者估计，目前有 20%～40% 的教师工作可以用现有技术自动完成，这意味着教师每周可以节省 13 小时教学时间，以将时间用于提高学生成绩和教师满意度的活动上。

3. How Educators Can Use Artificial Intelligence as a Teaching Tool

这篇文章介绍了一些实际案例，展示了教师如何在课堂上使用 AI 来激发学生的兴趣、提高学生的参与度、拓展学生的视野、培养学生的创造力等。

4. Teacher's Perceptions of Using an Artificial Intelligence-Based Writing Support System

这篇文章利用实验研究，探索了教师对使用基于开源机器学习算法 GPT-2 的写作辅助系统的看法。结果显示，大多数教师认为这个系统对提高学生写作水平有积极作用，但也存在一些挑战和限制。

● **思考问题**

1. 在教育领域，AI 在工具应用、部分工作替代和融合共生 3 个方向中的哪一个最能发挥优势，带来更大的价值？为什么？

2. 在你的教育经历中，你是否接触或使用过 AI？如果是，请分享一下使用经验。如果没有，你如何看待将来可能与 AI 共同学习或参与孩子教育？

3. 随着 AI 在教育领域的广泛应用，如何在确保教学质量的同时，保证教育公平？

第四节　教学案例 1：如何教学生了解凡·高

凡·高的画作:《向日葵》

本节以美术教学为主题，利用 AI 检查学生是否真的了解凡·高的作画风格；通过指导 AI 绘制凡·高风格的风景画，检验学生对凡·高作画风格的掌握程度。

课程目标

- 学生能够理解凡·高的作画风格和特点。
- 学生能够运用 AI 作画工具模仿凡·高作画风格。
- 学生能够运用 AI 作画工具拓展自己的艺术视野、挖掘创作潜力，并提高艺术创作能力。

教学内容和步骤

第一部分：了解凡·高的生平与作品风格

- 凡·高的生平：文森特·凡·高（Vincent Van Gogh）是一位荷兰后印象派画家，他的作品在他生前并未受到广泛赞誉，但在他去世后，他的绘画才逐渐得到认可，是西方艺术史上最重要的人物之一。

  凡·高于 1853 年 3 月 30 日出生在荷兰，他的父亲是一位新教牧师。在他的早年生活中，他从事过各种职业，包括艺术经销商、教师和传教士等。在他 20 多岁时，他开始对艺术产生了强烈兴趣，特别是绘画。

  凡·高的生活充满了挫折和困苦。他一生都在与精神疾病（包括严重的抑郁症）做斗争。1888 年，他的病情加重，导致割下了自己的一只耳朵，之后他自愿入住精神病院。1890 年，凡·高在法国奥弗涅自杀，年仅 37 岁。

  他的整个人生充满困难和挑战，被认为是表现主义的先驱，他的作品对 20 世纪艺术产生了深远影响。如《向日葵》《星夜》和《麦田乌鸦》等都深深地影响了艺术史。

- 凡·高作品的特点：凡·高的作品色彩鲜明、线条粗犷、构图简练、表现力强。他的作品深受浮世绘和哥特式艺术的影响，有一种与现实世界有所距离的艺术表现。

第二部分：熟悉 AI 作画工具

- 向学生介绍 Stable Diffusion 或其他 AI 作画工具，包括它们的基本功能、用途以及工作原理。
- 演示如何使用 AI 工具创作一幅具有凡·高风格的作品，详细列举操作步骤。

- 请学生自行尝试使用 AI 工具,并在过程中提供指导。

第三部分:模仿凡·高作画风格进行创作

- 要求学生根据凡·高作画风格,选择一个自己喜欢的主题进行创作。
- 学生使用 AI 作画工具,参考凡·高作画风格进行创作,同时鼓励融合自己的创意,形成更具个性的艺术作品。
- 在创作过程中,鼓励学生发挥自己的想象力和创造力。

第四部分:作品展示和评价

- 学生完成创作后,邀请他们展示自己的作品。
- 老师和同学们一起对每个作品进行评价,探讨在模仿凡·高作画风格的过程中学到了什么。
- 分析学生的作品在色彩、线条、构图和表现力等方面与凡·高作画风格相似之处以及差异之处。
- 讨论如何借助 AI 作画工具,挖掘学生在艺术创作过程中的独特见解和风格。

第五部分:总结与反思

- 总结本次课程的主要内容,包括凡·高作画风格、作品特点和 AI 作画工具的使用方法。
- 鼓励学生分享他们在本次课程中的感悟和体会。
- 强调 AI 作画工具在艺术学习中的辅助作用,以及学生在未来学习中如何运用所学的技能。
- 提醒学生关注科技对艺术领域的影响,并思考如何将这种影响转化为艺术创作的动力。

通过以上 5 个部分的教学设计,学生不仅可以更好地理解凡·高的作画风格，还可以学会运用 AI 作画工具来模仿凡·高作画风格，并在实践中提高自己的艺术创作能力。这样的教学设计有助于提高学生的观察、审美和创新能力，同时让他们体验到艺术与科技结合的魅力。在这个过程中，学生将深入了解如何运用 AI 作画工具拓展自己的艺术视野，挖掘创作潜力，并更好地将凡·高作画风格与自己的创意相结合。

与传统美术教学方法的对比

对比传统美术教学与融合 AI 作画工具（如 Stable Diffusion）的美术教学之间的差异，我们可以更好地理解将 AI 作画工具融入美术教学的优点，发现教师在这种新型教学方式中所需要做出的调整。

- **创新与科技的结合**：相比于传统美术教学中依赖手绘和观察，融合 AI 作画工具的教学为学生提供了一个创新、富有挑战的学习环境，从而激发他们对艺术的兴趣和热情。对于教师而言，他们需要转变角色，从原先的传统技能教授变成科技的引导者，引导学生有效地使用和理解 AI 工具，培养学生的创新思维。

- **个性化创作**：使用 AI 作画工具的教学方式允许学生在模仿凡·高作画风格的同时，更好地发挥自己的想象力和创造力，形成独特的艺术风格。作为教师，他们不再是单纯的技能训练者，更多是指导和促进学生个性化创作，协助学生调整 AI 工具的参数，帮助他们发现和塑造独特的艺术风格。

- **及时反馈与互动**：与传统美术教学相比，融合 AI 作画工具的教学能使学生在创作过程中获得实时的视觉反馈，更容易纠正错误和改进作品。教师的角色也因此转变，他们可以更加专注于提供个性化的反馈和指导，而不仅仅是评价和纠正错误，增强与学生的互动，更好地引导学生深入探索和思考。

- **深入理解艺术家的背景**：融合 AI 作画工具的教学注重凡·高生平和历史背景的研究，使学生能够更全面地了解凡·高，从而更好地领悟他的作画风格。对于教师来说，他们不仅需要帮助学生理解作画技巧，还需要帮助学生理解艺术所蕴含的历史脉络和社会语境。教师成为连接艺术与历史的桥梁，引导学生通过研究艺术家的生活和历史背景来加深对艺术作品的理解。

总体上，融合 AI 作画工具的美术教学要求教师角色调整。教师需要成为科技的引导者、个性化创作的推动者、个性化反馈的提供者，以及艺术与历史的连接者。他们需要引导学生使用和理解 AI 工具，培养学生的创新思维和个性化创作能力，提供个性化反馈和指导。这样的角色调整不仅可以帮助学生更好地利用 AI 作画工具，也可以帮助他们更全面和深入地理解艺术。

表 3-10 展示了传统美术教学与融合 AI 作画工具美术教学的对比，以便读者更清晰地看到两种教学方式的差异。

表 3-10   传统美术教学与融合 AI 作画工具美术教学的对比

教学方式	创新与科技	个性化创作	及时反馈与互动	深入理解艺术家背景
传统美术教学	有限	受限	否	否
融合 AI 作画工具的美术教学	明显	明显	是	是

总体而言，融合 AI 作画工具的美术教学相较于传统美术教学，在个性化创作、及时反馈、深入互动以及深入理解艺术家背景等方面都具有显著优势。这种教学模式有助于激发学生的学习兴趣和提高学生的创新能力，为他们未来在艺术领域的发展奠定基础。

对家长说的话

亲爱的家长们：

你已经看到了我们课堂上如何使用 AI 作画工具帮助孩子理解并模仿凡·高作画风格。这个过程不仅使他们深入了解了凡·高的作画风格，也提供了实践机会，让他们在 AI 作画工具的帮助下，发挥自己的想象力和创造力进行创作。这样的教学实践可能会让你思考，是否可以迁移到日常生活中教育孩子的某个场景呢？

答案是肯定的。就像我们在课堂上使用 AI 作画工具引导孩子理解并模仿凡·高的作画风格一样，我们也可以在日常生活中利用 AI 辅助工具帮助孩子学习和掌握各种技能。比如在学习音乐时，可以使用音乐软件来帮助孩子理解音乐理论，甚至自己创作音乐；在学习编程时，可以利用编程平台让孩子通过实践了解编程的基本逻辑和思维方式。科技在我们生活中的应用是广泛的，只要我们善于发现和利用，就可以创造出无数有趣和有效的教学场景。

此外，你可能会问，除了美术之外，是否还有其他场景也适合 AI 教学模式？同样，答案也是肯定的。AI 教学工具的应用不仅限于美术，也可以用于其他学科的教学。比如在语言学习中，AI 教学工具可以模拟真实的对话场景，帮助学生提高口语能力；在数学学习中，AI 教学工具可以提供个性化的练习题目，帮助学生巩固学习内容。AI 教学工具的应用可能性是无限的。我们只需要根据孩子的学习需求和兴趣，选择合适的工具，就可以帮助他们更好地学习。

当然，这里存在一个重要前提，那就是我们作为家长，必须要理解和接纳这些新的教学方式。我们需要花时间去研究和理解这些 AI 教学工具，了解它们的工作原理，以及如何有效地使用它们。只有这样，我们才能够真正地引导孩子使用这些工具，帮助他们在学习中找到乐趣，发挥最大潜力。

● 扩展阅读

1. AI learns to paint in the styles of Van Gogh, Turner and Vermeer

这篇文章介绍了一个 AI 系统，它可以学习不同画家的风格，并将其应用到其他图像上。作者展示了 AI 如何模仿凡·高的《星空》、塞尚的水果作品、透纳的风景作品等。

2. Artificial Intelligence Shows How Vincent Van Gogh Saw the World

这篇文章介绍了一个 AI 系统，它可以分析凡·高画作中的颜色和结构，并将其应用到其他图像上。作者认为，这个系统可以帮助我们理解人类是如何感知和创造艺术作品的。

3. This AI Can Help You Paint Like Van Gogh

这篇文章介绍了一个手机应用程序，它可以让用凡·高的作画风格修饰你的照片。作者认为，这个应用程序可以让你体验凡·高的艺术视角，并激发你的创造力。

4. This Algorithm Can Turn Any Image Into a Van Gogh

这篇文章介绍了一个算法，它可以将任何图像转化为凡·高画作风格。作者认为，这个算法可以让我们欣赏凡·高画作的美学特征，并探索他的创作过程。

● **思考问题**

1. 如何在美术教学中找到科技与艺术的平衡点，既能让学生体验到 AI 作画工具的便利性和创新性，又能确保他们掌握基本的绘画技巧和理解传统艺术的价值？

2. 在将 AI 作画工具应用于美术教学时，如何提高学生对艺术家画作风格的感知敏感度并加深理解，以便在模仿过程中形成自己独特的艺术表达方式？

3. 对于美术教育界来说，如何看待 AI 在艺术领域的应用和影响？如何调整教学策略以适应这一新趋势，以培养学生的创新能力，同时保留艺术教育的核心价值？

第五节　教学案例 2：如何教学生学习繁杂的英语语法

本节是关于如何让学生学习繁杂的英语语法的教学案例，特别聚焦在现在完成时的学习。我们首先提出了课程目标，包括让学生理解现在完成时的构成和用法，并能在恰当的语境中使用。教学内容包括向学生解释现在完成时的基本概念，讲解其主要用法，通过实例分析其构成。然后，介绍了如何使用 ChatGPT 进行实时练习，具体为学生可以通过 ChatGPT 获取关于现在完成时的解释、用法和例句，提交自己完成的句子并获得反馈。本节设计了一系列练习和讨论，让学生通过实际操作更好地理解和掌握现在完成时。接着，布置了写作作业，鼓励学生使用现在完成时描述他们的一次难忘经历，并通过 ChatGPT 获取反馈。最后，对比了传统英语语法教学和 ChatGPT 辅助的英语语法教学，指出后者具有提供实时反馈、个性化学习路径、支持学生随时自主学习，以及生成丰富的语境练习等优势，有助于提高学生的英语语法的学习能力和沟通能力。

课程目标

- 学生能够理解现在完成时的构成和用法。
- 学生能够在恰当的语境中使用现在完成时。
- 学生能够借助 ChatGPT 进行实时练习并获得反馈。

教学内容和步骤

第一部分：介绍现在完成时

- 向学生解释现在完成时的基本概念，包括它表示的时间范围和语法结构（have/has + 过去分词）。

- 讲解现在完成时的主要用法，例如表示过去发生的事情给现在造成的影响等；提供典型例句，如：I have finished my homework，She has visited Paris twice，I have lived here for five years 和 They have just arrived at the airport。
- 通过实例分析现在完成时的构成，包括规则动词和不规则动词的过去分词形式。

第二部分：使用 ChatGPT 进行实时练习

- 向学生展示如何使用 ChatGPT 进行语法练习，例如，学生可以向 ChatGPT 提问以获取关于现在完成时的解释、用法和例句；给出示例问题，如：What is the difference between simple past and present perfect tense?
- 学生尝试用现在完成时造句，向 ChatGPT 发送完成的句子并获得反馈。根据反馈，学生可以修改句子并重新提交。
- 在学习过程中，鼓励学生提出有关现在完成时的问题，以便帮助他们进一步巩固理解。为了更高效地使用 ChatGPT，建议学生在提问时使用明确且具体的问题，以便获得更准确的答案。

第三部分：现场练习和讨论

- 让学生两人一组，进行口头练习。要求他们用现在完成时谈论过去的经历和成就，提供一些启发性问题，如：Have you ever traveled abroad? 或 What have you accomplished this year?
- 教师现场指导，对学生的用法和发音进行纠正。在学生对话时，教师可以适时提醒他们注意现在完成时的一些特殊使用情况，如特殊疑问句、否定句等。
- 全班讨论，邀请学生分享他们在练习中的问题和收获，以及如何在实际交流中运用现在完成时。

第四部分：作业与自我评价

- 布置写作作业，要求学生用现在完成时描述他们的一次难忘经历，并提供一些建议性的话题，如：A memorable trip you have taken 或 An important goal you have achieved。

- 学生在完成作业后可以提交给 ChatGPT，以获得关于语法正确性和表达准确性的反馈。此外，鼓励学生在完成作业后与同伴互相交流和评价，这有助于他们从不同的角度审视自己的作品，并从中学习如何更好地运用现在完成时。

- 鼓励学生对自己的学习过程进行反思，思考如何在日常生活中继续提高英语语法学习能力。

通过以上 4 个部分的教学设计，学生可以在理论和实践结合中掌握现在完成时。现场练习的结合使学生能够更好地掌握现在完成时的用法。借助 ChatGPT 的实时反馈，学生可以在教师的指导下不断提高自己的英语语法水平。最后，通过作业和自我评价，学生能够进一步巩固所学知识，并养成自主学习的习惯。整个教学设计有助于提高学生的英语语法学习能力和沟通能力，为他们在未来的英语学习和使用中打下坚实的基础。

与传统英语语法教学方法的对比

- **实时反馈**：在传统的英语语法教学中，学生通常需要等待教师批改作业后才能获得反馈。通过使用 ChatGPT，学生可以立即获得关于他们练习的反馈，这有助于他们快速识别并纠正错误，从而提高学习效果。

- **个性化学习路径**：传统的教学方法通常采用统一的课程安排和进度，这可能导致一部分学生难以跟上，而另一部分学生觉得太简单。借助 ChatGPT，学生可以根据自己的需求和水平制定个性化的学习路径，更有效地掌握英语语法知识。
- **自主学习**：传统的英语语法教学往往侧重于讲解和练习，而学生在课堂外的自主学习时间有限。借助 ChatGPT，学生可以随时进行语法练习，获得实时反馈，从而培养自主学习的能力和习惯。
- **更丰富的语境练习**：在传统教学中，教师可能难以提供足够多样化的例句和练习来满足所有学生的需求。而 ChatGPT 能够生成大量不同语境的例句，帮助学生在各种实际情景中运用英语语法，提高他们的语言应用能力。

表 3-11 展示了传统的英语语法教学与 ChatGPT 辅助的英语语法教学对比。

表 3-11　传统的英语语法教学与 ChatGPT 辅助的英语语法教学对比

传统的英语语法教学	ChatGPT 辅助的英语语法教学
需要等待教师反馈	可以实时获得反馈
统一的课程安排和进度	个性化的学习路径和进度
课堂外自主学习时间有限	随时进行自主学习和练习
例句和练习较单一和固定	提供丰富多样的语境练习

通过以上对比，我们可以看到，ChatGPT 辅助的英语语法教学具有许多传统教学方法无法比拟的优势。

对家长说的话

亲爱的家长们：

我理解，作为父母，你们每天都在尽自己最大的努力为孩子的学习提供最好的支持。本节教学案例旨在向你们提供一种新的、有效的英语语法学习方法，并帮助你们更好地参与到孩子的学习过程中。

在阅读本节教学案例后，希望家长能反思一下，这种教学方法中的哪些元素已经在日常教育实践中被采用？哪些部分是自己还没有尝试过的？例如，是否曾经使用实时反馈来帮助孩子进行语法学习？是否鼓励孩子在不同的语境中应用英语语法？是否引导孩子反思如何在日常生活中继续提高英语语法学习能力？

为了帮助家长进一步整合这些教学方法到日常教育实践中，我提供了表 3-12。你们可以使用这个表格进行教育场景的迁移，以便在教育孩子的其他场景中，也能够像在案例中描述的那样使用这些方法。

表 3-12   教学方法使用统计

教学元素	我们现在是否在使用	如果没有，我们如何开始使用
实时反馈	是 / 否	
个性化的学习路径	是 / 否	
在各种语境中实践英语语法	是 / 否	
学生反思和自我评价	是 / 否	

我们相信，每一个孩子都有他们自己独特的学习方式。希望这个案例能够启发大家发现新的方式来促进孩子的英语学习。让我们共同努力，为孩子的学习提供更好的支持。

● 扩展阅读

1. AI In English Language Learning

这篇文章介绍了一些利用 AI 技术来提高英语学习者的发音、语法和写作能力的免费工具。文章认为，这些工具可以帮助学生更好地理解和运用英语语言，同时可以让教师更有效地指导和评估学生。

2. How AI Systems Use Mad Libs to Teach Themselves Grammar

这篇文章介绍了斯坦福大学的一个研究，它发现了一个让 AI 系统自己学习语法规则的方法，不需要先使用人工标注的数据。这种方法就是让 AI 系统玩类似于 Mad Libs 的填词游戏，通过不断预测缺失的单词，让 AI 系统逐渐建立起自己的语言模型。

3. 10 Best AI Tools for Education

这篇文章列举了一些适用于教育领域的 AI 工具，它们可以帮助教师提升教学水平，帮助学生提升学习效果，例如，有些工具可以自动批改作业、提供反馈、生成题目、检测抄袭等。

● 思考问题

1. 如何将 AI 和传统英语教学相结合以提高学生的语法学习能力？
2. 除了现在完成时以外，还有哪些英语语法知识点可以通过类似的教学设计来教授？如何确保这些教学设计能够适应不同水平和背景的学生？
3. 针对文章中提到的使用 ChatGPT 进行实时练习，如何在实际教学中平衡学生对 AI 工具的依赖与自主学习能力的培养？如何评估 AI 工具在英语教学中的实际效果？

真正的教育应该是发现人的本性，使之发展，而不是把外来的东西强加给他。

——拉夫·沃尔多·爱默生

Artificial Intelligence，AI

CHAPTER 4
第四章

AI 影响课程设置

在这个信息爆炸的时代，AI 正在对课程设置产生深远的影响。正如美国著名哲学家和教育家爱默生所言，真正的教育应该关注发现和发展个体的本性，而不是简单地强加外来知识。本章将探讨 AI 如何促使我们重新审视课程设置的方式，以迎接知识爆发带来的挑战。

梳理 3 个具有代表性的教育体系，包括中国古代教育体系、德国近现代普鲁士教育体系、美国现代教育体系，以及 AI 的影响，据此树立一个宏观分析视角。接下来，深入讨论 AI 如何使学科边界变得模糊，以及如何应对这一新挑战。在此基础上，探讨 AI 的课程设置，包括问题导向的学科教学和成长导向的终身教育两个方面。此外，通过 3 个具体案例，展示 AI 在课程融合方面的应用，包括计量经济学与高等数学、历史与文学、绘画教育等。

让我们一起思考如何运用 AI 技术，实现课程设置的创新，以更好地适应科技发展，培养出具有独立个性和创新精神的人才。

第一节　课程设置历史及 AI 的影响

课程设置是教育体系的核心组成部分，它反映了一个国家或地区的教育目标、价值观和文化传承。历史上，不同地区和时代的课程设置都有其独特的特点，比如中国古代教育体系、德国近现代普鲁士教育体系、美国现代教育体系中的课程设置。AI 的出现使得教育领域面临新的挑战和机遇。正如美国教育家约翰·杜威所说：教育不是为生活做准备，教育就是生活本身。在这个快速发展的时代，我们有必要回顾课程设置历史，思考如何在未来的教育实践中应对挑战和把握机遇。

中国古代教育体系：儒家文化的传承与六艺的演绎

在中国古代，儒家思想成为教育体系的重要基石，其重点在于道德修养和文化传承。教育在这个时期的核心目标是以六艺为基础，通过对礼、乐、射、御、书、数的学习，培养出具备高尚道德品质、广博知识以及良好身体素质的士大夫。六艺涵盖当时社会生活的各个方面，其中"礼"涉及礼仪、道德和法制；"乐"涉及音乐和舞蹈；"射"和"御"分别表示射箭和驾驭战车的技能；而"书"和"数"分别表示书写、文学以及数学和计算的学习。

中国古代的教育体系虽然具有阶级性，但对中国甚至全世界的教育都产生了深远影响。儒家学派以孔子为代表，他们强调个人道德修养和社会责任，并为中国古代教育奠定了重要的理论和实践基础。其中，"学而时习之，不亦乐乎"和"吾日三省吾身"等教导，至今仍对中国教育产生深远影响。

在中国古代教育实践中，白鹿洞书院等著名的学府扮演了重要角色。这些学府不仅提供了独特的学习和研究环境，也为社会培养出了大量杰出人才。例如，明朝的科举状元杨慎，就是在白鹿洞书院接受教育的。他才情出众，留下了许多脍炙人口的作品。此外，唐朝的韩愈、宋朝的苏轼和朱熹等众多历史人物，也都是中国古代教育体系产生的杰出人物。他们的思想、文化成就和社会贡献，至今在中国甚至全世界产生着深远影响。

总体来说，中国古代教育以儒家学派为核心，立足于传统的六艺教育体系，培养出众多杰出人才，对后世教育产生了深远影响。

德国近现代普鲁士教育体系：系统性与严谨性的典范

德国普鲁士教育体系诞生于 18 世纪，具有显著的层次化制度和严格的课程设定。这种制度从教育的初级阶段开始，包含基本的宗教、道德、语言和算术课程。这些课程为学生后续学习提供了必要的知识基础。当学生进入高等教育阶段，他们开始学习更深入的知识，以培养独立思考和解决问题的能力。

普鲁士教育体系以其系统性和严谨性，对全球的教育发展产生了深远影响，并被公认为现代教育体系的重要基石。实际上，许多现代教育理论和实践都在一定程度上受到了普鲁士教育体系的影响。例如，德国教育家弗里德里希·弗洛贝尔在普鲁士教育体系下提出了幼儿园教育理念，他强调游戏和实践活动在儿童早期教育中的重要性。同样，美国的公立学校制度也借鉴了普鲁士的分级教育模式，这在一定程度上形塑了美国教育的面貌。值得一提的是，19 世纪晚期的德国大学制度也对全球高等教育产生了重大影响。德国大学强调学术自由和研究的重要性。这种理念被全球众多大学所采纳，并且成为现代大学教育体系的核心元素。

总体来说，德国普鲁士教育体系以其系统性和严谨性，在全球范围内产生了深远影响。许多国家都借鉴其成功经验，融入本国教育实践。

美国现代教育体系：多样性与创新的融合

美国现代教育体系因灵活性和多样性在全球范围内赢得了赞誉。这一教育体系致力于尊重和培养学生的个性，同时根据他们的兴趣和需求提供多样化的课程选择。

在 K12 阶段，学生不仅要学习基本的数学、英语、科学和社会科学等核心课程，还要根据自己的兴趣和目标选修不同领域的课程，如艺术、音乐、技术、外语等。这种开放的课程设置为学生的全面发展提供了可能，帮助他们培养各种各样的技能和兴趣。

在高等教育阶段，美国现代教育体系更加强调专业化和跨学科学习。在大学和研究生阶段，学生可以根据自己的职业目标选择专业课程。同时，学校鼓励他们进行跨学科学习和研究，以拓宽视野，培养创新思维。值得一提的是，美国教育体系大力弘扬实践和创新精神。许多学校将实践教学和实习机会融入课程，以确保学生在获得理论知识的同时，也能获取实际操作经验。这种重视创新和实践的理念培养出大量具有创新精神和实践能力的杰出人才。

总体来说，美国现代教育体系为学生提供了更多发挥个性和创造力的空间，注重培养学生的实践能力和创新精神，赢得了全球赞誉和尊重。

AI 对课程设置的影响

随着科技的飞速发展，我们已经进入一个由 AI 主导的新时代。在这个时代，传统的教育模式已经无法满足学习者的多样化需求。对于教育来说，AI 将给课程设置带来全新变革。这种变革既融入了中国古代教育、美国现代教育等不同教育体系的优点，又有着自己的特色。

首先，从中国古代教育中，我们学到了教育的个性化与精神修养的重要性。AI 能够深入学习个体的学习习惯和偏好，为每个学习者提供定制化的学习路径和内容，使得教育真正实现个性化。同时，借助 AI 的力量，我们也可以让学生在学习专业知识的同时，注重道德、文化等素质的提升，让教育回归精神修养之根本。

其次，借鉴美国现代教育体系的多样性和创新性，AI 在课程设置中可以实现高度自由和灵活。基于大数据处理能力和学习能力，AI 可以根据学生的学习进度和兴趣，动态调整课程内容和难度，提供跨学科学习机会。同时，AI 可以根据学生的反馈和学习表现，进行实时调整和优化，以确保教育的高质量。

最后，值得一提的是，AI 还有助于实现课程设置全球化。无论中国古代的六艺，还是美国现代的专业课程，或是其他任何国家和地区的优秀课程，AI 都能将其整合，打破地域和语言的限制，让所有人都能享受到全球最优秀的教育资源。

在未来的教育实践中，我们需要充分利用 AI 的优势，为学生创造更加丰富的学习体验。这也就是我们将要在随后的章节中展开讨论的问题。

对家长说的话

亲爱的家长们：

你们好！让我们一起反思一下上述介绍的课程设置历史和 AI 对课程设置的影响的内容，尤其是它们与我们日常教育孩子有何关联。

首先，我们看到了中国古代教育的重点在于道德修养和文化传承，这是中国传统教育的核心。请问我们在日常教育中是否也注重这两方面？我们是否尊重和传承了中国文化，并致力于培养孩子的道德品质？

其次，德国普鲁士教育体系以系统性和严谨性著称。在孩子学习中，我们是否以有序和规范的方式引导孩子学习，是否为他们设计了明确的学习目标和计划？

再次，美国现代教育体系强调多样性和创新。在教育孩子的过程中，我们是否尊重他们的个性和兴趣？我们是否提供了多样化的学习资源和环境，以促进他们全面发展？

最后，AI为教育带来了新的机遇，可以提供个性化、定制化的教学解决方案，以及实时反馈和建议。在日常教育中，我们是否利用这些新的技术和工具，是否充分利用AI的优势来优化教育实践？

为了帮助家长在日常实践中应用这些教育理念，这里制作了一个教育迁移记录表，如表4-1所示。

表 4-1　教育迁移记录

教育场景	应用的教育理念	实际操作	效果反馈
做作业时	德国普鲁士的系统性和严谨性	为孩子设计明确的作业时间和计划	孩子更能专注于作业，完成质量也有所提高
⋮	⋮	⋮	⋮

你可以将表4-1打印出来，贴在能常看到的地方，比如冰箱门或书桌上。在不同的教育场景中，你可以参考表4-1，尝试应用不同的教育理念和方法，然后观察并记录效果。这不仅可以帮助你更好地理解这些教育理念，还可以帮助你根据实际情况调整教育方法。

你可以与配偶、朋友或其他家长分享教育想法和经验，也可以从他们那里获取反馈和建议。毕竟，教育是一项需要集体智慧和努力的任务。

此外，家长也可以探索不同的 AI 工具，例如智能教育平台、AI 教练、在线课程等，以丰富教育手段。同时，家长需要关注最新的教育科技研究和发展，以便及时了解并利用新的教育工具和方法。

记住，每个孩子都是独一无二的，没有一种教育方法可以适应所有的孩子。因此，我们需要灵活运用各种教育理念和工具，找到最适合自己孩子的教育方法。同时，我们也要不断学习和成长。因为只有这样，我们才能更好地陪伴孩子成长。

● 扩展阅读

1. China's Education System: The Oldest in the World

这篇文章介绍了中国的教育制度，它是世界上最古老的教育制度之一。它始于汉朝（公元前 206 年至公元 220 年），一直影响着中国教育。文章还介绍了中国最具特色和最有影响力的教育考试——高考。

● 思考问题

1. 在不同地区和时代的课程设置中，哪些特点是共同的，哪些特点是独特的？如何理解这些共性和差异？

2. AI 给教育领域带来的挑战和机遇是什么？如何平衡现有教育体系与 AI 的融合？

3. 如何在当前教育环境下进行课程设置创新，以适应科技全球化发展趋势，更好地满足学生需求和激发学习潜力？

第二节　模糊的学科边界与 AI

在上一节中，我们回顾了课程设置的三个代表性阶段，以及 AI 在教育领域的应用和影响。然而，在这个知识爆炸的时代，我们不仅要关注课程设置，还要关注学科边界的模糊化以及 AI 在跨学科研究中的作用。本节将进一步探讨这些话题，以期给读者提供一个更全面的视角。

正如爱因斯坦所说：学问是无国界的。在知识爆发的今天，我们越来越清楚地看到，学科边界被知识的洪流冲散，而跨学科研究成为发展的必然趋势。

模糊的学科边界

学科融合的趋势

在现代社会，各个学科之间的联系越来越紧密，知识传播的速度越来越快。生物学与计算机科学的交叉产生了生物信息学，这一新兴学科在基因测序等领域取得了重大突破。物理学与经济学的融合催生了计量经济学，这一交叉学科在预测经济走势、制定宏观经济政策等方面发挥着重要作用。学科融合已经成为不可阻挡的趋势。例如，语言学和计算机科学的融合推动了计算机视觉和自然语言处理的发展，为智能机器人和虚拟助手等的应用奠定了基础。

跨学科研究的优势

跨学科研究避免了单一学科的局限性，可以从不同的角度分析问题，提出新的解决方案。跨学科合作的团队在研究中往往能取得更好的成果。例如，在应对全球气候变暖等环境问题时，生态学家、气象学家、能源工程师等多领域的专家可以共同寻求最佳解决方案。同样，在医学领域，临床医生、生物学家、药学家和计算机科学家等多领域专家可以共同研究疾病的成因、发展和治疗方法，从而为患者提供更加精准和个性化的治疗方案。

学术界的反思与改革

随着学科边界的模糊，学术界开始反思并改革现有的教育和研究体系，诸如推广跨学科课程、鼓励合作研究等。一些大学设立了跨学科研究中心，以促进各学科之间的交流和合作。此外，一些学术研究机构和政府部门推出了针对跨学科研究的奖励机制，以激发学者在跨学科领域的创新研究。

AI 与跨学科研究

AI 辅助学习与研究

AI 可以为学生和研究人员提供巨大的支持，如可以自动收集和整理跨学科知识，帮助他们更快地了解新的领域。例如，AI 可以辅助文献检索、自动构建知识图谱，为学者提供更全面、更精确的信息。同时，AI 还可以根据个人需求推荐相关的资源和研究，提高学习和研究效率。

AI 驱动创新

AI 不仅能辅助学习和研究，还可以驱动创新。例如，在医疗领域，医生和研究人员可以使用 AI 分析大量的病例和医疗数据，发现新的治疗方法和疾病预防策略。AI 也可以在材料科学、工程学、化学等领域推动新产品的研发和创新，通过数据挖掘和模式识别等技术发现潜在的跨学科合作机会。

AI 助力跨学科研究

为了更好地应对跨学科研究的挑战，越来越多的研究机构和学者开始利用 AI 技术进行跨学科研究。例如，通过融合神经科学和计算机科学，我们可以更好地理解和模拟人类大脑的工作原理，从而为智能机器人和虚拟助手等应用提供更为实用的技术支持。同时，AI 技术帮助环境科学、金融学和社会科学等领域研究取得了显著突破，推动了跨学科研究的发展。

随着知识爆炸式增长的到来，学科边界越来越模糊，跨学科研究变得越来越重要。AI 在这一背景下成为强有力的工具，可以帮助我们更好地理解和掌握跨学科领域的知识，进一步推动科技创新和学术研究发展。正如英国著名哲学家弗朗西斯·培根所言：知识就是力量。只有不断拓展我们的知识边界，才能在这个竞争激烈的时代立于不败之地。为了更好地应对未来的挑战，我们应当继续推动跨学科研究发展，并充分利用 AI 技术来加速知识传播和创新。

审视当今世界，我们可以看到，跨学科研究已经成为解决复杂问题的关键。科学家、工程师、政策制定者和各行各业的专业人士需要跳出自己的舒适区，积极寻求与其他领域专家的合作与交流，以找到新的解决方案和突破性进展。AI 作为一种强大的技术，将在这个过程中起到至关重要的作用，通过提高知识的传播速度，扩展学科和研究的边界，最终推动人类社会实现更大的发展与进步。

在这个知识爆炸的时代，让我们携手合作，跨越学科的界限，充分利用 AI 的力量，共同书写科学发展新篇章。

对家长说的话

亲爱的家长们：

在本节中，我们探讨了一个非常重要的话题：模糊的学科边界以及 AI 在知识爆发时代带来的新挑战。这个问题可能比我们想象得更复杂，它对我们的教育方式以及我们的孩子如何为未来做准备都有着深远的影响。

如今，我们生活在一个知识更新速度飞快的时代，各个学科之间的界限越来越模糊。由生物学和计算机科学的交叉产生了生物信息学，由数学和经济学的融合催生了计量经济学，这些跨学科的研究已经变得不可或缺。它们让我们对社会的理解更加全面，带来的科学研究也更具深度。

在这个背景下，作为家长，我们每个人都有自己擅长和热爱的领域，都可以成为孩子跨学科学习的第一位引导者。我们可以让孩子们了解我们的专业领域，同时让他们接触到其他领域的知识。我们可以引导他们将不同的学科知识融合在一起，在看似毫不相干的领域找到联系，找到新的思考角度和解决问题的方法。对于我们的孩子来说，这会是一笔宝贵的财富，也是他们走向未来的重要一步。

我要特别强调 AI 在此过程中的作用。AI 可以为我们的孩子提供强大的学习支持，如自动收集和整理跨学科知识，自动构建知识图谱，甚至根据个人需求推荐相关的资源和研究成果。此外，它还可以驱动创新，通过分析大量的数据来发现新的合作机会和研究方向。

在这个知识爆炸的时代，我们的责任是帮助我们的孩子建立坚实的知识基础，培养他们跨学科思考和学习能力，以及掌握有效利用 AI 等技术工具的能力。只有这样，他们才能适应未来的社会和职场。

最后，我想说，作为家长，我们每个人都有可能成为孩子跨学科学习的启蒙老师。让我们不要怕跨出第一步，不要怕带领孩子走进未知的世界，一起用我们的知识和经验，帮助他们建立对世界的全面认知，让他们有信心和能力去面对未来的挑战。

● 扩展阅读

1. Emergence of New Disciplines

这篇文章探讨了学科的概念、演变和分类，以及新学科的产生和发展。文章认为，新学科的出现是知识的增长、社会的变化、技术的进步等因素导致的。文章还分析了新学科面临的挑战和机遇，以及对教育体系和教师培养的影响。

2. Powerful disciplinary boundary crossing: Bernsteinian explorations of knowledge production

这篇文章基于伯恩斯坦（Bernstein）的理论，探索了跨学科知识生产的特征和条件。文章主张，学科之间、学术与实践之间的边界是跨学科学习的必要条件，而不是障碍。文章还提出了一些评估跨学科知识生产质量和影响力的标准。

3. Transdisciplinarity in Mathematics Education: Blurring Disciplinary
　 Boundaries

这本书收集了一些数学教育领域中跨学科实践和研究的案例和观点。书中介绍了如何通过将数学与其他艺术、人文、社会或自然科学相结合，来创造新的知识、方法和经验。书中也探讨了跨学科数学教育对教师专业发展和课程改革的意义。

● 思考问题

1. AI 在推动跨学科研究和创新中的优势与挑战分别是什么？如何在实际应用中充分发挥其优势并应对挑战？
2. 当前的教育体系如何适应跨学科研究趋势，以及 AI 如何在教育领域广泛应用？教育体系应该采取哪些措施来培养具备跨学科思维的人才？
3. 随着 AI 的不断发展，如何平衡人工智能与人类智慧的关系？在跨学科研究中，如何找到人工智能与人类协同作战的最佳模式？

第三节　AI 辅助的课程设置：问题导向的学科教学

随着人工智能和教育技术的发展，教师面临着前所未有的挑战。为了适应这一变化，教育者们需要转变教育方法，专注于培养学生的问题解决能力。在这个信息爆炸的时代，纯粹的知识传授已经不再是教育的核心，而是帮助学生培养独立思考、分析和解决问题的能力。问题导向的学科教学已经被证明在提高学生问题解决能力方面具有显著优势，成为当今教育行业的一个重要趋势。

问题导向的学科教学的优势

问题导向的学科教学强调从实际问题出发，通过解决问题的过程来教授学科知识。这种教学方式具有以下优势。

- **激发学生的兴趣和动力**：通过将学科知识与实际问题结合，学生更容易理解知识的应用价值，从而提高学习兴趣和增强学习动力。例如，教师可以设计一个与环保相关的课程项目，让学生在研究空气污染问题的过程中学习相关的化学知识。研究表明，这种教学方式可以有效地提高学生的学习积极性和主动性。
- **培养学生的批判性思维和创新能力**：问题导向的学科教学鼓励学生提出问题、分析问题、解决问题，有助于培养他们的批判性思维和创新能力。例如，在探讨城市交通拥堵问题时，教师可以引导学生思考解决方案的可行性和潜在影响，从而培养他们的分析和评估能力。研究表明，这种教学方式能够培养学生的批判性思维。
- **促进跨学科学习与合作**：问题导向的学科教学鼓励学生跨学科学习与合作，以解决复杂的现实问题。例如，在一个关于气候变暖的课程项目中，学生需要学习地理、生物、化学等多个学科的知识，以及团队跨学科合作，共同探讨解决方案。这样的教学方式有助于学生建立全面的知识体系，增强跨学科沟通和协作能力。正如美国教育家约翰·杜威所说：教育不是将生活填满，而是让生活更丰富。问题导向的学科教学方式正是这一思想的体现，它帮助学生将所学知识与现实生活相结合，提升教育的实用性和价值。

问题导向的学科教学的层次

问题导向的学科教学可分为 4 个层次。

第一个层次：完全没有问题导向。教学呈现为填鸭式的知识灌输，例如直接告诉学生要学习三角函数，却没有解释背后的原因。

第二个层次：有一定问题导向。教师向学生介绍了三角函数在现实生活中的应用，让学生理解到知识的实际价值。例如，在介绍三角函数时，教师可以举例说明它们在测量距离、角度和高度方面的应用。

第三个层次：深入问题导向。教师阐明了三角函数解决问题的本质，让学生不仅学到了与三角函数相关的知识，还了解了三角函数所解决的问题类型。例如，教师可以设计一个涉及地形分析的实际问题，让学生运用三角函数解决问题，从而深入了解问题的背景和具体应用场景。

第四个层次：完全问题导向。教师将课程设置成一个完全以问题为导向的项目，鼓励学生自主发掘问题、提出解决方案，并将所学知识与现实问题相结合。在这个层次上，学生可以将三角函数与其他学科知识结合，解决更复杂的现实问题。例如，教师可以设计一个涉及城市规划的项目，让学生运用数学、物理、地理等多学科知识，解决实际问题。

问题导向的学科教学的实施策略

为了在课堂中实现问题导向教学，教育者可考虑以下策略。

- **设计具有挑战性的问题**：教师应设计切实可行的问题，以引起学生学习兴趣，并在解决问题的过程中培养他们的思维能力，如图 4-1 所示。

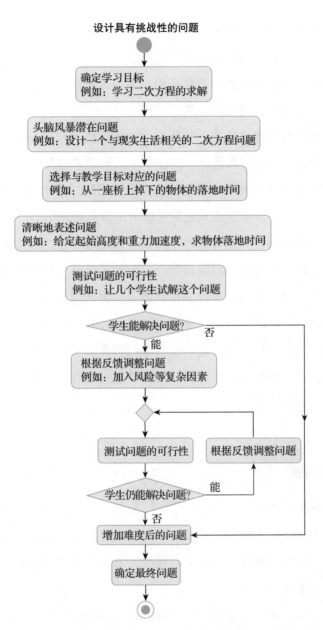

图 4-1　设计具有挑战性的问题流程

- **引导学生提问**：教师应鼓励学生积极提问，引导他们从不同的角度思考问题，培养独立思考能力。
- **创设合作学习环境**：教师应组织学生进行小组讨论，促进他们在团队合作中互相学习、共同成长。
- **提供学习资源和支持**：教师应为学生提供丰富的学习资源，例如案例分析、视频教程等，并在学生遇到困难时及时给予支持。
- **反馈与评估**：教师应关注学生在解决问题过程中的表现，及时给予反馈，并对学生的问题解决能力进行有效评估。

可以这样总结，问题导向的学科教学以培养学生的问题解决能力为核心，将学科知识与实际问题相结合，有助于提高学生的学习兴趣和增强学习动力、培养批判性思维和创新能力、促进跨学科学习与合作。在实施问题导向学科教学时，教育者应注意设计具有挑战性的问题、引导学生提问、创设合作学习环境、提供学习资源和支持、进行有效的反馈与评估。通过这种教学方式，我们可以培养一代具备创新精神和问题解决能力的未来领导者。

对家长说的话

亲爱的家长们：

问题导向教育是一种以解决实际问题为目标的教学方法。在这种教学方法中，孩子的学习不再是被动接受，而是主动发现，会在解决问题的过程中掌握新的知识。

作为家长，我们可能会有一个疑问：这种教学方法是否在家庭教育中适用？答案是肯定的。每个家长都有自己擅长的领域，你可以在自己擅长的领域实施问题导向教育，而不用担心给孩子错误的引导。因此，作为家长，你也可以尝试在教育孩子的时候迈出问题导向教育的第一步。

非问题导向型家庭教育和问题导向型家庭教育对比如表 4-2 所示。

表 4-2　非问题导向型家庭教育和问题导向型家庭教育对比

对比项	非问题导向型家庭教育	问题导向型家庭教育
学习驱动	主要由家长推动，孩子学习的主要动力来自家长的期望和安排	孩子的学习兴趣被视为主要动力，孩子对实际问题的好奇心和解决问题的动力驱动学习
教育方法	通常以讲授或说明的形式进行教育，孩子被动地接收信息和知识	以探索和发现为主，孩子在解决问题的过程中主动地掌握新知识
学习内容	通常预设内容，关注点在于知识的传递和孩子对这些知识的理解和记忆	学习内容在孩子解决问题的过程中自然出现，强调了解和使用这些知识去解决实际问题
学习效果	孩子可能会记住所学的知识，但未必理解它们的实际应用	孩子不仅理解新知识，而且能将它们应用到实际问题的解决中

我们以自然科学为例，在非问题导向型家庭教育中，孩子可能被要求读一本关于动物的书籍，然后回答关于书中动物的一些基本问题，如它们的食物、栖息地等。这种教育方法侧重于传递知识，而不是理解和应用这些知识。

在问题导向型家庭教育中，家长可能会先带孩子到公园，让他们观察动物。孩子可能会自然而然地产生一些问题，如"为什么这种鸟的喙长成这样？""为什么那种鸟的羽毛会变色？"。这些问题就成了一个学习的切入点。孩子可以通过查阅资料、观察和做实验等方式来寻找答案。这种教育方法不仅可以帮助孩子理解和记住新的知识，还可以培养他们的探究精神和解决问题的能力。

希望每一个家长都能认识到自己在孩子教育中的重要性，并能够积极尝试新的教学方法，为孩子提供更多的学习和成长机会。问题导向教育是一种值得尝试的方法，让我们一起为孩子的未来做出更好的准备。

● 扩展阅读

1. Guidance for the Use of Generative AI

这篇文章介绍了加州大学洛杉矶分校（UCLA）对于生成式 AI 的使用原则，包括了教师和学生应该考虑的问题，以及如何在不同的学科和课程中创新地使用 AI 技术。

2. Artificial intelligence literacy in higher and adult education: A scoping literature review

这篇文章分析了高等教育和成人教育中 AI 素养的定义、培养方法和评估工具，以及目前存在的挑战和未来的发展方向。

3. Investigating Explainability of Generative AI for Code Generation

这篇文章的主要目的是探讨用户对于人工智能生成代码的可解释性需求，以及如何设计适合这种场景的可解释人工智能（XAI）功能。文章使用了基于场景和基于问题的 XAI 设计方法，分析了 3 种软件工程用例：自然语言到代码、代码翻译、代码自动补全。

● **思考问题**

1. 如何平衡 AI 在问题导向学科教学中的支持作用与教师的主导地位，以在充分发挥 AI 技术潜力的同时，确保教师在教育过程中的关键作用？
2. 随着 AI 在问题导向教学中逐渐普及，可能会出现什么样的挑战，如学生数据隐私、知识产权等问题？教育界应如何应对这些挑战，确保 AI 技术的发展符合道德规范和伦理原则？
3. 针对不同年龄段、学科领域和学习背景的学生，如何设计和实施针对性的问题导向教学，并利用 AI 为他们提供个性化的学习体验和支持？在这个过程中，如何避免教育资源不均等问题？

第四节　AI 辅助的课程设置：成长导向的终身教育

"成长导向"的教育理念将学生学习过程视为个性化成长过程。这种理念强调个性化教育，关注每个学生的需求与学习特点。AI 作为强大的教育工具，可以有效地支持成长导向的课程设置。简单地说，AI 时代的课程设置核心目标是促进受教育者的成长，为终身教育提供有力支持。本节将探讨 AI 如何支持成长导向的终身教育课程设置，并分析其优势和挑战。

AI 支持成长导向的终身教育课程设置方法

设计个性化学习路径

AI 可以根据学生的学习数据、兴趣和需求，为每个学生生成个性化的学习路径。这种学习路径适用于不同年龄段的学生。通过对学生进行持续评估和监测，AI 能够实时调整学习路径，确保课程设置符合学生的成长需求和终身学习目标。

案例：Knewton 教育平台利用 AI 技术，根据学生的学习能力、兴趣和需求，为他们制订个性化的学习计划，提供个性化的课程推荐，帮助学生更高效地学习。

提供丰富的学习资源

AI 可以根据学生的个性化需求，为他们提供定制化的学习资源。针对学生对物理学科的学习兴趣，AI 可以推荐一些天文学、力学、光学等主题的文章和视频，让学生能够在自己感兴趣的领域深入探索。这些资源包括文章、视频、实验材料等，能够满足学生对不同学科领域的学习需求，有助于终身持续学习。

案例：Khan Academy 是一款集合了众多学科资源的在线学习平台，利用 AI 技术为学生提供个性化的学习资源推荐，帮助学生在感兴趣的领域拓展知识。

管理与反馈学习进度

AI 可以帮助教师更加精确地监测学生的学习进度，及时发现学生的学习困难，并为学生提供有针对性的反馈。这种实时反馈可以帮助学生调整学习策略，提高学习效果。同时，AI 还可以通过分析学生的学习数据，为教师提供有关课程改进的建议，以便更好地满足学生的终身学习需求。

案例：在线学习平台 MATHia 使用 AI 技术，实时分析学生的学习数据，为教师提供关于课程改进的建议，以及针对每个学生的个性化反馈。

AI 与传统教育方法的对比

表 4-3 展示了 AI 与传统教育方法在成长导向的终身教育课程设置方面的对比。

表 4-3　AI 与传统教育方法在成长导向的终身教育课程设置方面的对比

对比项	传统教育方法	AI
个性化	需要教师为每个学生单独制订学习计划	能够根据学生的学习数据、兴趣和需求生成个性化学习路径
学习资源	有限，学生需要自己寻找适合自己的学习资料	自动生成丰富的学习资源，满足学生个性化需求
反馈与评估	通常需要教师手动评估，反馈可能不够及时和具体	实时监测学生学习进度，提供有针对性的反馈和建议
课程改进	教师需要根据学生的反馈和自己的观察进行课程调整	自动生成课程改进建议，帮助教师更好地满足学生需求
终身学习	受限于时间和空间，难以满足终身学习需求	灵活适应不同年龄段的学习需求，有利于终身持续学习

AI 在成长导向的终身教育课程设置方面具有显著优势。这些优势使得 AI 能够更好地满足学生的成长需求，为终身学习提供有力支持。然而，我们也应注意到，AI 在教育应用中面临一些挑战。例如，AI 技术的准确性和可靠性尚待提高，以确保为学生提供高质量的教育资源。此外，隐私和数据安全问题也需要引起关注，以保护学生和教师的敏感信息。在应对这些挑战的过程中，教育工作者和技术开发者需要共同努力，以推动 AI 在成长导向的终身教育领域发挥更大的作用。

未来展望

随着 AI 技术的不断发展，我们有理由相信它将对成长导向的终身教育产生深远影响。在未来，我们可以期待 AI 在以下方面针对终身教育发挥更大作用。

- **更智能的个性化教育**：AI 将能够更准确地分析学生的需求和学习特点，为他们提供更加精细的个性化教育方案。此外，AI 还可以根据学生的反馈和学习数据持续优化课程设置，以最大限度地促进学生成长。

- **更广泛的学科领域覆盖**：随着 AI 技术的发展，它将能够为更多学科领域提供个性化教育支持。这将促使学生能够在自己感兴趣的多个领域终身持续学习。

- **更高效的教学方法**：AI 可以帮助教师实现更高效的教学，例如通过实时反馈和评估，让教师更加关注学生的个性化需求。同时，AI 技术还可以辅助教师完成一些烦琐的工作，如批改作业、制订教学计划等，从而让教师将更多的时间和精力投入到教学。

- **更好的学习体验**：AI 可以为学生提供更加沉浸式和互动式的学习体验，如虚拟现实、增强现实等技术的应用可使学生更好地理解复杂的知识点和概念。

总之，AI 为成长导向的终身教育带来诸多机遇和挑战。通过不断地创新和实践，我们有望在未来看到更多以学生成长为中心的教育实践。在这个过程中，教育工作者、技术开发者和政策制定者需要紧密合作，共同应对挑战，促进 AI 技术在成长导向的终身教育领域的发展和应用。只有这样，AI 才能够充分发挥潜力，为每个学生创造更为个性化、高效和有意义的学习体验，进而为他们的终身学习铺平道路。

　　成长导向和问题导向方法可以相互支持和补充。在成长导向的课程设置中，学生可能会遇到各种问题，这时候问题导向方法可以帮助他们解决实际问题，从而实现更好的个人成长。同样，在问题导向实践中，关注学生的成长需求，提供个性化的支持和资源，也可以提高学生解决问题的能力和效果。

　　AI 可以同时支持成长导向和问题导向的教育实践。例如，通过分析学生的学习数据和需求，AI 可以为学生提供个性化的学习路径和资源（成长导向），同时引导他们在解决问题过程中独立思考和探究（问题导向）。这有助于提高教育质量和效果，帮助学生全面发展。

　　在教育实践中，教师可以根据学生的具体情况和需求灵活运用成长导向和问题导向方法。例如，对于基础知识较弱的学生，教师可以采用成长导向方法，为他们提供个性化的支持和资源，帮助他们逐步掌握基础知识和技能。对于掌握一定基础知识和技能的学生，教师可以通过问题导向的方法，引导他们解决实际问题，进一步提高他们的独立思考和创新能力。

　　成长导向和问题导向方法在现代教育中越来越重要。随着科技的发展和社会的变革，我们越来越注重培养学生的综合素质和创新能力。在这种背景下，成长导向和问题导向方法可以帮助学生更好地应对未来挑战，实现更好的个人成长。

　　在具体应用中，AI 可以帮助教师创建更丰富、更个性化的教学内容，以满足学生的需求。例如，AI 可以根据学生的学习水平、兴趣和目标生成适当的教学材料和习题，以及提供实时反馈和建议。此外，AI 还可以根据学生的表现调整教学计划，以确保学生始终在最适合他们的环境中学习。

　　总之，成长导向和问题导向方法在教育实践中具有重要作用。AI 作为一种强大的教育工具，可以有效地支持这两种方法的实践，以提高教育质量。通过将这两种教育方法与 AI 相结合，我们可以为学生提供更有针对性、更具挑战性的学习体验，帮助他们在终身学习道路上取得更好的成果。

对家长说的话

亲爱的家长们：

作为孩子的第一任教师，我们的行为和态度将深深影响他们的成长和学习。这就是为什么我们作为家长，应该以身作则，不放弃对自己的教育。这不仅是为了自我提升，更是为了成为孩子的榜样。请记住，模仿是孩子的天性，我们的行为和态度将成为他们的镜像。

在考虑孩子的发展时，我们应该追求长期利益，而不是短期成功。孩子的成长不应被看作一次性任务，而应被看作一个持续过程。我们需要记住，学习的目的是促进孩子的全面成长，培养他们成为终身学习者。我们需要创造环境，让孩子在其中发现自己的兴趣，发挥自己的潜能，实现自己的目标。

身为家长，我们的责任不仅仅是要教育孩子，更是要引导他们发展成为终身学习者，不断探索，不断进步。我们相信 AI 的出现将提供更多的机会，帮助实现这个目标。

不妨就在今天，就在现在，我们也给自己制订一个终身学习计划吧，如表 4-4 所示。

表 4-4　终身学习计划

时间段	学习目标	学习内容	学习方法	进度跟踪
⋮	⋮	⋮	⋮	⋮

● **扩展阅读**

1. OER: Artificial Intelligence and Adult Education

这篇文章探讨了开放教育资源（OER）在成人教育中的应用，特别是在人工智能（AI）课程设计方面。文章介绍了一些 AI 课程和教程，例如来自赫尔辛基大学的 AI 元素，并讨论了 OER 如何帮助成人学习者获得 AI 技能和知识。

2. AI Curriculum: AI in Adult Education

这篇文章介绍了一个名为 STEP 的项目。该项目由欧盟资助，旨在帮助欧洲成人学习者了解 AI 技术、应用和影响，并提高他们的数字素养和职业技能。

3. Artificial Intelligence in Adult Education: A Review of the Literature

这篇文章回顾了过去几年有关人工智能（AI）在成人教育中应用的文献。文章介绍了一些 AI 技术和应用，例如自适应学习、个性化学习、机器翻译和自然语言处理，并讨论了 AI 技术如何改变成人学习者的学习方式和体验。

● **思考问题**

1. 如何确保 AI 技术在成长导向课程设置中平衡学生个性化发展和团队合作能力培养？
2. 如何解决 AI 应用于成长导向课程设置中的数据隐私与伦理问题，以便在保护学生隐私的同时实现教育创新？

3. 在推广和应用 AI 技术的成长导向课程设置过程中，如何避免教育资
　源不均问题，确保所有学生受益？

第五节　案例 1：AI 辅助下的计量经济学与高等数学的融合

假如约翰·纳什使用 AI 来教授学生他的著名论文——Equilibrium Points in n-person Games，他可能会怎么做？

本章将具体探讨计量经济学与高等数学的融合，以及在 AI 的辅助下，为什么将这两个领域的知识结合在一起学习是一个更好的选择。我们将以纳什均衡理论为例，深入分析这个问题。

计量经济学是一门以数学为基础的经济学分支，旨在通过统计、计量和数学方法研究经济现象。而高等数学为计量经济学提供了理论支持和分析工具，如线性代数、微积分、概率论等。因此，计量经济学与高等数学之间存在着紧密联系。在 AI 的辅助下，我们可以实现这两个领域知识的深度融合，并从一个更综合的角度来学习和理解它们。我们将以著名的纳什均衡理论为例，详细介绍如何实现计量经济学和高等数学的融合。

纳什均衡理论背景

约翰·纳什（John Nash）是著名的数学家和经济学家，他的纳什均衡理论为博弈论的研究奠定了基础。纳什均衡描述了一个多人博弈的稳

定状态，即在这个状态下，每个参与者都没有动机改变自己的策略。纳什均衡的数学定义为：对于一个 n 人博弈，如果存在一个策略组合使得任何一个参与者改变策略都不能提高自己的收益，那么这个策略组合就是一个纳什均衡。

纳什均衡在实际生活中有着广泛应用，如在拍卖市场、股票市场、劳动力市场等。例如，在拍卖市场中，纳什均衡可以帮助卖家确定最佳拍卖策略，以最大化收益；在股票市场中，纳什均衡可以帮助投资者预测市场行为，制定合适的投资策略；在劳动力市场中，纳什均衡有助于分析雇主和求职者之间的博弈过程，从而促成公平和有效的雇佣关系。

计量经济学与高等数学在纳什均衡理论中的应用

纳什均衡，这一极具影响力的理论模型，是计量经济学与高等数学结合的产物。这个理论是数学家和经济学家约翰·纳什的杰作，他创造了现代经济学的许多关键观点，并广泛应用于各个社会科学领域。

在纳什均衡理论中，博弈参与者的收益函数是经济学的关键元素。这些收益函数表征了参与者的偏好和决策，是用于量化经济行为和预测经济结果的工具。策略空间、稳定状态等概念源自高等数学领域。这些概念为我们理解和描述经济行为提供了强大的数学工具，使我们能够以更严谨的方式分析和解决经济问题。

在研究纳什均衡理论时，我们需要用到高等数学中的许多知识，如线性代数、微积分和概率论等。这些数学工具使我们能够对经济模型进行精确的量化分析，探索和理解模型的内在逻辑和动态变化。这一过程充分体现了计量经济学的核心思想——使用数学和统计方法来解决经济学问题。

因此，纳什均衡理论不仅是一个重要的经济理论，还是计量经济学与高等数学紧密联系和融合的典范。这一理论的发展和应用，为我们展示了数学与经济学的互动，以及它们如何共同推进经济科学的进步。

AI 在实现计量经济学与高等数学融合中的作用

AI 可以帮助我们在学习过程中实现计量经济学与高等数学的融合。例如，在教授纳什均衡理论时，AI 可以辅助完成以下任务。

- **个性化教学设计**：根据每个学生的学习进度和能力，AI 可以提供针对性的教学内容，使得学生在学习过程中更容易掌握计量经济学与高等数学的相关知识。
- **实时反馈与调整**：AI 可以实时监测学生在课程中的表现，根据学生的实际需求，调整教学计划和课程难度，确保每个学生都能跟上进度并深入理解知识。
- **动态示例与应用**：AI 可以根据学生的兴趣和实际生活场景，生成有趣的博弈问题，帮助学生更好地理解纳什均衡理论及其在现实世界中的应用。

融合计量经济学与高等数学的优势

在 AI 的辅助下，我们可以更好地融合计量经济学与高等数学的知识，从而实现更高效的学习。将这两个领域知识结合在一起学习有以下优势。

- **更全面的理解**：通过将计量经济学与高等数学的知识融合在一起，学生可以更全面地理解经济现象背后的运行原理，从而提高分析问题和解决问题的能力。

- **更强的创新能力**：学生在学习两个领域的知识时，可以激发更多的创新思维，找到新的研究方向和应用场景。

- **更高的学术价值**：计量经济学与高等数学的融合可以为学术研究提供更多的理论支持，并为实际应用提供依据，从而提高研究成果的学术价值。

- **更广泛的就业前景**：掌握计量经济学和高等数学知识的学生在求职中具有更强的竞争力，在金融、科技、政策制定等领域有更多的就业机会。

总之，在 AI 的辅助下，计量经济学与高等数学的融合学习可以为学生带来更好的学习体验，提高学术素养和实际应用能力。

对家长说的话

亲爱的家长们：

让我们进一步反思在这个案例中得到什么启示，并且这会如何影响我们对孩子的教育方式。

首先，从这个案例中，我们可以看到学科融合是如何在实际应用中创造价值的。在这里，计量经济学和高等数学的结合让我们更深入地理解了纳什均衡理论，并进一步掌握了如何在实际问题中应用它。这提醒我们，教育不仅仅是为了获取单一领域的知识，而应该鼓励孩子广泛涉猎，促进多学科融合，以便全面地分析问题。

其次，我们可以看到 AI 在教学中的巨大潜力。通过个性化的教学设计、实时反馈与调整、动态示例与应用，AI 能够有效地提升教学效率和学习体验。这种高效的学习方式不仅可以帮助孩子更好地理解和掌握知识，也能够激发他们的创新思维。这个案例使我们意识到，在教育孩子的过程中，我们需要借助最新的科技手段，激发孩子的创新思维。

最后，这个案例强调了科技对于长远学习和发展的重要性。通过掌握计量经济学和高等数学，学生不仅能够更好地理解经济现象，提高问题解决能力，也能打开更广阔的就业前景。这使我们认识到，在教育孩子的过程中，我们需要更加注重培养他们的终身学习能力，为他们的长远发展打好基础。

总体来说，这个案例使我们明白，我们应该更加注重学科融合，充分利用科技手段提高教学效率，同时培养孩子的终身学习能力。

● **扩展阅读**

1. High School Grades and University Performance: A Case Study

这篇文章研究了曼尼托巴省 84 所高中的学生在温尼伯大学的表现，发现高中成绩是预测大学成绩的重要依据，尤其是数学和计量经济学科目。文章使用了多种估计方法，包括最小二乘虚拟变量模型和分层线性模型。

2. Introduction to Advanced Mathematics: A Guide to Understanding Proofs

这是一本介绍高等数学基本概念和方法的指南书，主要关注数学证明的技巧和逻辑。书中包括集合论、函数、关系、数论、代数、拓扑、微积分等方面的内容，以及一些案例和练习题。

3. Introduction to Econometrics

这是一本介绍计量经济学的基本原理和实践的教材，主要关注线性回归模型的估计、推断和应用。书中包括单变量回归、多变量回归、内生性、时间序列、面板数据、有限依赖变量等方面的内容，以及一些案例和数据分析。

● 思考问题

1. 除了纳什均衡理论之外，你还能想到哪些计量经济学与高等数学的融合案例？
2. 在学习和工作中，你是如何实现问题导向与成长导向的融合的？
3. 你认为 AI 在未来教育中还可以在哪些方面发挥作用？

第六节　案例 2：AI 辅助下的历史与文学的融合

正如英国作家阿尔多斯·赫胥黎所说：事实是事实，但是观念决定我们如何看待事实。这句话可以运用到许多领域，包括我们看待教育方式。历史与文学之间联系密切，这种联系在教育领域具有重要意义。本章将关注中国的教育领域，特别是关于"苏氏三兄弟"（苏洵、苏辙和苏轼）的教学设计。这三兄弟是宋朝时期的文学巨匠，也是历史重要人物。我们将以此为例，探讨如何在教学中将语文和历史紧密结合，展示借助 AI 实现两个领域知识融合的优越性。

以"苏氏三兄弟"为核心的教学设计

- **了解背景**：首先，要求学生通过阅读资料和观看相关视频，了解宋朝的历史背景、"苏氏三兄弟"在当时的社会地位，以及他们的家族背景，为接下来的教学活动奠定知识基础。同时，进一步引导学生通过参观历史博物馆、古迹、体验宋朝文化，以提高他们对历史背景的感知。

- **分析文学作品**：接下来，引导学生阅读"苏氏三兄弟"的文学作品，如苏轼的《前赤壁赋》《江城子·乙卯正月二十日夜记梦》，苏辙的《题乌江亭怀古》等。在阅读过程中，要求学生关注诗歌的主题、情感、风格和结构，尝试理解这些作品背后的思想和历史故事。为了让学生更具体地理解作品，安排讨论环节，让学生分享他们对文学作品的看法和感受。此外，可以邀请专家或学者讲座，以便学生更深入地了解"苏氏三兄弟"的文学创作背景和历史价值。

- **深入历史**：在分析文学作品的基础上，引导学生深入了解"苏氏三兄弟"的生平事迹和历史背景。例如，可以让学生研究苏轼的政治生涯，了解他是如何在朝廷与江湖之间游走，并充分展现个性与才华的。同时，也可以探讨这些历史人物是如何影响宋朝文学的发展。为了让学生更加深入地理解这些历史人物，可以安排学生分组进行角色扮演，让他们站在"苏氏三兄弟"的角度思考和讨论历史事件，提高他们的历史认知和理解能力。

- **融合历史与文学**：通过以上教学，学生已经对"苏氏三兄弟"的文学成就和历史背景有了较为全面的了解。接下来，教师可将这两方面知识进行整合，引导学生思考如何将文学作品与历史背景相联系。例如，可以分析苏轼的《赤壁赋》如何反映作者对历史的感慨，以及这种感慨如何体现出他的政治思想和人生哲学，对国家命运的忧虑以及对个人抱负的释怀。在这个过程中，教师可以设计一些问题，激发学生的思考，引导他们在历史和文学之间建立联系。

- **创作与展示**：最后，鼓励学生以"苏氏三兄弟"为灵感，创作诗词或散文，并结合所学的历史知识，展示他们对这些作品背后的思想和历史故事的理解。此外，可以让学生进行团队合作，设计与"苏氏三兄弟"相关的戏剧表演，通过现代表现手法展示宋朝文人的风采。

利用 AI 辅助教学

在整个教学过程中，教师可以运用 AI 帮助学生更好地理解文学作品与历史背景。例如，AI 可以为学生提供个性化的阅读建议和学习资源，根据他们的兴趣和学习进度进行调整。此外，AI 可以通过语言分析和知识图谱技术，为学生提供更多关于"苏氏三兄弟"的历史背景信息和文学作品的解读，帮助他们深入挖掘作品中的历史元素和思想内涵。

同时，AI 可以协助教师进行学生评估，通过对学生的学习表现和成果进行分析，为教师提供有针对性的教学建议，以便教师根据学生的需求进行个性化教学。例如，AI 可以通过分析学生在课堂讨论中的发言和作业，发现他们在理解文学作品和历史背景时的困难和不足，并为教师提供改进教学方法的建议。

在创作与展示环节，AI 可以为学生提供创作指导和灵感来源，以及对他们的作品进行评价和建议。通过这种方式，AI 可以促进学生更好地将历史知识与文学创作相结合，提高他们的综合素质和创造力。

对家长说的话

亲爱的家长们：

让我们一起来反思在此次教学设计中，家长有哪些方面是能够做到的？

- **支持多元化学习方式**：不同的孩子有不同的学习方式。有的孩子可能喜欢通过阅读资料和观看视频了解历史，有的孩子可能喜欢通过参观历史博物馆和古迹了解历史。作为家长，我们可以鼓励和支持孩子探索自己的学习方式，帮助他们充分了解宋朝的历史背景和"苏氏三兄弟"的故事。
- **鼓励深度阅读和文学创作**：阅读和创作是提高语文素养和历史认知的重要方式。家长可以陪着孩子阅读"苏氏三兄弟"的文学作品，引导他们理解诗歌的主题、情感、风格和结构。同时，也可以鼓励他们创作诗词、散文，以加深他们对"苏氏三兄弟"作品背后的思想和历史背景的理解。

然后，有哪些方面是家长日常可能忽视的？

- **结合历史和文学的学习**：在这个案例中，历史和文学被紧密地结合在一起，旨在帮助学生更全面地理解苏氏三兄弟的生平和作品。家长可能需要反思一下，在日常生活和教育中，是否有足够的机会让孩子体验到跨学科学习，比如将历史和文学相结合。

- **利用 AI 辅助学习**：在现代科技快速发展的时代，AI 可以提供许多有价值的学习资源和个性化学习建议。家长可能需要考虑一下，是否充分利用这些技术来帮助孩子学习。

这些反思将对我们的孩子教育行为产生影响，例如，鼓励多元化学习和深度阅读，激发孩子更强的学习动力和提升自主学习能力；结合历史和文学学习，帮助孩子建立更全面的知识结构和更深厚的文化素养；利用 AI 辅助学习，提供更个性化和有效的学习支持，促进孩子全面发展。

当然，以上只是一些初步想法，我们希望能够在反思中找到自己的答案，找到适合自己孩子的教育方式。记住，每个孩子都是独特的，他们有自己的兴趣和才能，我们的目标是帮助他们发现和发展这些才能，让他们成为更好的自己。

● 扩展阅读

1.《三苏全书》

这是一部收集了"苏氏三兄弟"的全部著述的巨著，共 20 册，按经、史、子、集分类编排，是研究"苏氏三兄弟"的重要资料。

2. How to Easily Create an Integrated Unit Lesson Plan

这篇文章介绍了如何轻松地创建一个综合性教案，以实现不同学科标准的整合。文章以社会研究和语言艺术为例，说明了如何创建标准、设计活动、评估学习等步骤。文章还提供了一些资源和示例,以帮助教师进行整合教学。

3. Benefits of cross-curricular education：letters to a Pre-scientist

这篇文章阐述了跨学科教学的好处,包括提高学生的参与度、培养批判性思维、提高创造力和协作能力,以及帮助学生看到不同学科之间的联系和应用。文章还分享了一些跨学科教学的项目和活动,例如与科学家通信、制作海报、参与竞赛等。

● 思考问题

1. "苏氏三兄弟"在政治、文化领域都取得了什么成就?如何评价他们对宋朝历史的影响?

2. 除了"苏氏三兄弟",你还能想到哪些历史与文学紧密联系的人物或事件?如何运用 AI 技术将这些领域知识融合,实现更高质量的教学?

3. 在你所了解的其他历史人物或事件中,如何运用类似于"苏氏三兄弟"案例的教学方法,将历史与文学紧密结合,使教学更加生动、有趣?

4. 在教育过程中,如何进一步利用 AI 来提高教学质量,提升学生对跨学科知识的理解和应用能力?

5. 除了历史与文学之外,你认为哪些学科领域知识可以进行类似的融合教学,为学生提供更丰富的学习体验?如何实现这些领域知识的融合?

第七节　案例 3：AI 与绘画教育的融合

　　在第 21 世纪，AI 技术的迅猛发展已经开始影响我们生活的方方面面，包括艺术教育。本章将以游戏设计师杰森·M. 艾伦（Jason M. Allen）的绘画作品《太空歌剧院》为例，探讨如何将 AI 技术与绘画教育相结合，开拓绘画艺术新领域，同时分析 AI 技术带来的挑战及应对策略。

《太空歌剧院》背景介绍

　　《太空歌剧院》又译《空间歌剧院》，是游戏设计师杰森·M. 艾伦的绘画作品。该幅画作是艾伦使用 AI 绘图工具 Midjourney 生成，再经Photoshop 润色而来的。2022 年 8 月，美国科罗拉多州举办艺术博览会，《太空歌剧院》获得数字艺术类别冠军。

绘画艺术的历史变革

在摄影技术出现之前，绘画艺术注重临摹与表达的结合。然而，随着摄影技术的发展，绘画艺术逐渐从临摹转向更加注重表达的创作。这一转变背后的原因在于，摄影技术已经可以非常精确地描绘物体的轮廓，绘画艺术则需要在图案、布局创意、人物戏剧性等方面寻求创新。绘画的最大价值在于表达照相机无法表达的东西。对于人类来说，我们要了解 AI 能做什么，一旦在某个领域被 AI 技术超越，就应该接受现实，寻找新的创新方向。

AI 与绘画教育融合带来的可能性及挑战

- **创新绘画技巧**：借助 AI，教师可以引导学生尝试各种新颖的绘画技巧和风格，例如，可以让学生使用 AI 绘图工具（如 Midjourney），生成不同的画面效果，然后结合 Photoshop 等图像处理软件进行调整和润色。这样，学生可以在尝试的过程中发现自己的兴趣所在，拓宽艺术视野。然而，这也带来了挑战，那就是如何在大量的 AI 生成素材中找到真正有价值、能够体现个人风格的作品。

- **提高创作效率**：AI 的应用可以帮助学生提高创作效率。例如，AI 工具可以快速生成各种素材和背景，让学生将更多精力投入到作品构思和表达上，从而提高作品的质量。这样做一方面为学生提供了便利，另一方面可能导致学生过于依赖 AI，忽略了传统绘画技巧的学习和应用。

- **个性化教学**：AI 可以协助教师对学生的创作进行个性化指导。通过分析学生的作品和创作习惯，AI 工具可以为教师提供有针对性的教学建议，更好地满足学生的学习需求。但同时，过度依赖 AI 进行个性化教学可能导致教师与学生间的沟通减少，影响教学质量。

- **开拓新的艺术领域**：将 AI 引入绘画教育，可以促使教师和学生共同探索艺术新领域，例如，可以尝试将 AI 与其他艺术形式（如数字艺术等）相结合，培养学生创新能力。然而，这也需要教师不断更新自己的知识体系，跟上时代发展的步伐。

总之，AI 与绘画教育的融合为我们带来了许多新的可能性和挑战。正如摄影技术的出现推动了绘画艺术的变革，AI 的发展同样将对绘画教育产生深远影响。在面对 AI 的挑战时，我们不应抵抗或逃避，而是应该勇敢地接受现实，努力寻找新的创新方向，让绘画教育焕发出新的活力。同时，我们需要关注 AI 在绘画教育中可能带来的负面影响，如学生过度依赖技术、忽略传统绘画技巧的学习，以及教师与学生间沟通的减少等。因此，在引入 AI 的过程中，我们需要保持理性，充分挖掘其优势，同时关注并解决可能出现的问题。

为了应对这些挑战，教师和学生需要共同努力。教师在教学过程中可以适当引入 AI，但也要注重培养学生的传统绘画技能，保持 AI 与传统教学的平衡。此外，教师需要不断提升自己的专业素养，以便更好地引导学生在新技术下进行创新。同时，学生要保持对传统绘画技巧的尊重和热爱，不断提升自己的艺术修养，找到自己独特的创作风格。

在这个过程中，我们还需要与其他领域的专家合作，共同研究 AI 与绘画教育的结合方式，为艺术教育的发展创造更多可能。只有在多方共同努力的基础上，我们才能更好地应对 AI 带来的挑战，让绘画教育在新时代焕发更加迷人的光彩。

对家长说的话

亲爱的家长们：

在本节中，我们探讨了 AI 在绘画教育领域的应用，以及它所带来的可能性和挑战。需要明白，AI 并非完全取代人类，而是成为我们的合作伙伴。正如在绘画领域，AI 可以帮助我们创作新的艺术作品，也让我们重新审视和思考人类的创作价值。

需要注意，在使用 AI 的同时，我们要注重培养孩子的创新能力和传统绘画技能。虽然 AI 能够帮助生成画作，但是我们还需要学习如何理解、感受和创造艺术。这包括观察世界、理解形状和色彩、表达情感和想法等一系列技能。这些技能会使孩子们在艺术创作中拥有更丰富的表达能力。

值得注意的是，家长可以利用自己的专业经验和知识，与孩子们进行深入交流和讨论。例如，工程师父亲或母亲可以向孩子解释 AI 如何改变建筑设计和城市规划，医生父亲或母亲可以分享 AI 如何帮助提高病人的诊断和治疗效果，市场营销父亲或母亲可以讲述 AI 如何帮助他们更好地理解消费者需求。这样的对话将帮助孩子们更全面地理解 AI 的应用，增强他们对 AI 的兴趣和理解。

每个家长的经验和知识都是宝贵的资源。与孩子讨论自己职业的 AI 替代话题，不仅能够帮助孩子更好地理解 AI 技术的实际应用，也可以帮助他们认识到技术发展对各行各业的影响，让他们对未来有更清晰的认知。这样的交流将成为他们成长道路上的重要一课。

关于"AI 制作的画作能否参加艺术比赛"的话题，确实是值得深思。我们鼓励每个家长都能够与孩子进行开放、积极的讨论。这个话题不仅涉及技术和伦理的问题，还涉及我们对艺术的理解和定义。

我们可以邀请孩子们分享他们的观点，引导他们思考如何平衡人类创作与 AI 工具的关系，如何看待技术的进步与艺术的价值。我们可以鼓励他们思考，是不是只有人类才能创造艺术？AI 创作的艺术与人类创作的艺术有何不同？这样的讨论不仅可以提高他们的批判性思维，也可以帮助他们形成对 AI 更加全面和深入的理解。

总体来说，我们既要教育孩子们积极地利用 AI，也要引导他们思考和理解 AI 给社会、文化乃至艺术产生的深远影响。让我们一起为孩子们的未来做好准备，帮助他们成为有创新精神和全面素质的公民。

● 扩展阅读

1. Artificial intelligence-supported art education: a deep learning-based system for promoting university students' artwork appreciation and painting outcomes

这篇文章介绍了一个基于深度学习的艺术学习系统，它可以帮助学生识别和分类艺术作品，提高他们的艺术欣赏能力和绘画能力。

2. AI-Based Platforms: Benefits and Challenges for the Modern Art Room

这篇文章探讨了 AI 图像生成平台（如 Dall-E2），对于现代艺术教学的好处和挑战，以及如何应用于艺术教学。

3. When AI can make art: what does it mean for creativity?

这篇文章讨论了 AI 创造艺术的可能性和意义，以及它对于人类创造力和艺术价值的影响。

4. AI Is Causing Student Artists to Rethink Their Creative Career Plans

这篇文章展示了 AI 在艺术领域的应用，如书籍封面、专辑封面和音乐视频等，以及它对于学生创作和职业规划的影响。

● 思考问题

1. 如何平衡 AI 在绘画教育中的应用与传统绘画技巧的学习，以确保学生在充分利用新技术的同时，仍然能够精通基本的绘画技巧？
2. 随着 AI 在绘画教育领域的普及，如何培养学生独立思考和创新能力，以便在面对技术变革时，能够适应并找到自己独特的艺术表达方式？
3. 教育者和其他领域专家如何跨界合作，共同探索和研究 AI 与绘画教育的融合方式，以实现艺术教育的全面发展和创新？

教育应该引导个体去发现他自己所不认识的事物。

——阿兰·德波顿

Artificial Intelligence, AI

CHAPTER 5
第五章

AI 实现个性化教育与学习

在这个快速变化的世界，个性化教育已经成为教育界关注的焦点。正如法国作家普鲁斯特所言，教育应该引导个体去发现他自己所不认识的事物，这也意味着我们需要关注每个学生的独特需求和兴趣。本章将探讨如何借助 AI，为每个学生提供定制化的教育资源和体验。

首先，回顾古往今来的教育学家一致的教育理念——个性化。然后，讨论因材施教的困难，即如何在有限的资源条件下实现无限的个性化教育。其次，深入分析 AI 在教育资源个性化匹配方面的优势和应用场景。最后，通过两个具体案例展示 AI 在个性化教育方面的应用，包括 Khanmigo 的教学案例和 Hello History 的名人教学案例。

让我们一起探索 AI 如何改变个性化教育，为每个学生提供更好的学习体验和发展空间。

第一节　教育学家共同的教育理念：个性化

在教育的历史长河中，许多教育学家致力于寻找因材施教的教学方法，以更好地满足每个学生的特殊需求。从孔子的"闻斯行诸"，到苏格拉底的"启发式教学"，再到约翰·杜威的"以学习者为中心"，以及蒙台梭利的"自然发展"、皮亚杰的"认知发展理论"、维果茨基的"社会文化理论"、布鲁纳的"学习结构理论"，这些伟大的教育思想家都主张因材施教，尊重学生的个性差异。然而，在很长一段时间里，这种理念似乎一直是遥不可及的梦想。

古希腊教育学家的教育理念：启发式教学和分层教育

　　古希腊的教育理念主要归功于伟大的哲学家苏格拉底、柏拉图和亚里士多德等。他们主张的教育理念强调学生的天赋、兴趣和能力，并抵制外在规范和标准的机械强加。

　　以苏格拉底为例，他推行的"启发式教学"或"产婆术"，是一种通过提问引导学生独立思考的教学方法。例如，他在对话中经常会提出一些看似简单却饱含深意的问题，比如："什么是正义？""什么是美？"这些问题能引发学生深入思考，启发他们探索并发现真理和智慧，而不仅仅是接受教师的观点。

　　柏拉图在他的巨作《理想国》中提出了个体性教育的观点。他认为，每个人都有独特的天赋和潜能，因此，教育应该根据这些天赋和潜能进行分层。他提倡以金、银、铜 3 种元素分别比喻统治者、守护者和工人。而教育的目标就是找出每个人的元素，使他们能在适合自己的领域发挥最大的潜能。

　　亚里士多德是古希腊杰出的科学家和哲学家之一，他对教育理念的发展做出了重要贡献。他强调了因材施教的重要性，并认为教育应该从学生的实际出发，满足他们的需求。亚里士多德的学生亚历山大大帝就是他这种教学方法的最佳例证。亚里士多德不仅教导亚历山大学习传统的课程，如修辞学、伦理学和政治学，还根据亚历山大的兴趣和需求，教授他医学和自然科学等领域的知识。这种个性化的教学方法极大地激发了亚历山大的学习兴趣和热情，使他在征战过程中多次运用所学知识，展示出超凡的领导才能。

　　古希腊的教育理念强调启发式教学和分层教育，这些理念具有深远的影响，至今仍被广泛应用于教育实践中。

中国古代教育学家的教育理念：孔子和孟子的观点

　　中国的个性化教育历史悠久，孔子和孟子的教育理念至今仍深深地影响着中国的教育制度和实践。

作为中国最伟大的教育家和儒家学派的创始人之一，孔子是最早提出个性化教育思想的教育学家之一。他的"有教无类"理念强调所有人都有接受教育的权利，不分社会地位、贫富高低。例如，在《论语》中，孔子接纳了各种不同背景的学生，包括农民阶层的颜回、士绅阶层的子路。这些学生在孔子门下都有机会接受教育，这就是"有教无类"的具体体现。孔子的"因材施教"理念则强调根据学生的天赋、特点和需求进行教育。在他的教学过程中，他会根据每个学生的特点和需求，提供个性化教学，如：对待颜回，他更注重道德品质的培养；对待子贡，他着重传授处理世事的智慧。孔子的"启发式教育"理念倡导通过问答、比喻、引经据典等方式来引导学生，如他在与子贡对话时经常引用古代历史和传统习俗，启发子贡在日常生活中获得智慧。

作为孔子的传人和儒家学派的重要代表人物，孟子也对个性化教育的发展做出了重要贡献。他提出"因材而教"理念，同样主张根据学生的性格、能力和兴趣进行教育。比如在他与公孙丑的对话中，孟子明确表述了对于性格各异的人采用不同的教育方法的观念，这就是"因材而教"的具体体现。

孔子和孟子的教育理念对中国的个性化教育产生了深远影响，至今仍是中国教育实践的重要指导原则。

近现代教育学家的教育理念变革：以学习者为中心的教育尝试

在近现代，教育的重心发生了明显转变：从以知识传授为中心转向了以学习者为中心。这种转变体现在许多教育理论和实践中，约翰·杜威和玛利亚·蒙台梭利等教育学家的理念在这个转变过程中起了关键作用。

约翰·杜威是美国教育改革的重要推动者。他提倡"以学习者为中心"的教育理念，强调教育应该关注学生的兴趣和需求，而不仅仅是教育机构的课程要求。他认为，教育的真正目的是培养学生解决实际问题的能力、创造力、团队合作精神和实践技能。在这个观念的指导下，杜威开创了新型学校模式——实验学校，试图通过改革传统的学校教育制度，实现个性化教育目标。实验学校强调实践、探索和问题解决，是现代项目式学习和终身学习理念的重要源头。

与杜威的教育理念相似，玛利亚·蒙台梭利也强调了自然发展和个性化教育的重要性。她开创了蒙台梭利教育法。该教育法的特点是以观察儿童为基础，通过创设自由、和谐的环境和精心设计的教具，激发儿童的好奇心和学习兴趣，鼓励他们自主探索和学习。蒙台梭利教育法不仅培养了儿童的自我学习能力，而且尊重每个儿童的独特性，这是个性化教育的关键。

在理论上，皮亚杰的"认知发展理论"和维果茨基的"社会文化理论"为个性化教育提供了重要的理论依据。皮亚杰强调儿童的认知发展是阶段性的，而且每个阶段都有其特点，这为因材施教提供了理论支持。维果茨基强调了学习的社会性。他的理论提示我们，教育应关注学生的社会文化背景和现实生活环境，因此，个性化教育应考虑到学生的社会文化差异。

此外，布鲁纳的"学习结构理论"也为个性化教育提供了一种新的视角。他主张教育应更多地着重培养学生理解和掌握概念结构、学科体系的能力，而不是简单地传授知识。这意味着教育应该以学生的认知水平和兴趣为出发点，鼓励他们思考和发现。

这些教育学家的理念虽然各有特色，但都强调了个性化教育的重要性。从他们的理念中，我们可以看到个性化教育在近现代教育历史中的重要地位，以及为今后的教育实践带来的深刻启示。教育学家对个性化教育的观点比较如表 5-1 所示。

表 5-1　教育学家对个性化教育的观点比较

教育学家	观点
苏格拉底	启发式教学，引导学生自己发现真理和智慧
柏拉图	分层教育，根据个体的天赋和潜力进行教育
亚里士多德	因材施教，教育应从学生的实际出发，满足他们的需求
孔子	有教无类，因材施教，启发式教育，激发学生的求知欲和自我思考能力
孟子	因材而教，根据学生的性格、能力和兴趣进行教育
约翰·杜威	以学习者为中心，关注学生的兴趣和需求，培养实践能力
玛利亚·蒙台梭利	自然发展，创设自由、和谐的环境，激发学生的探索欲望和学习兴趣
皮亚杰	认知发展理论，根据学生所处的发展阶段进行教育
维果茨基	社会文化理论，关注学生的社会文化背景和现实生活环境
布鲁纳	学习结构理论，培养学生理解和掌握概念结构、学科体系的能力

通过以上内容，我们可以看到许多教育学家都强调个性化教育的重要性，并且尝试从不同的角度来实现这一理念。这为我们今后的教育实践提供了启示，帮助我们更好地理解个性化教育的价值和实现方法。

在当今社会，个性化教育已经成为一种趋势。随着科技的发展，尤其是人工智能、大数据和互联网技术的应用，个性化教育变得更加可行。教育者可以利用这些技术，为学生提供更为精细化、个性化的教育服务，从而真正实现因材施教。

例如，通过大数据分析，教师可以了解每个学生的学习进度、兴趣和需求，从而调整教学策略，提供针对性的教育。人工智能辅助的学习系统可以根据每个学生的特点和需求，提供个性化的学习资源和推荐。

此外，线上教育平台和社交媒体也为个性化教育提供了便利，使学生可以随时随地选择适合自己的学习资源，与志同道合的人交流和互动。

对家长说的话

亲爱的家长们：

在了解了一些教育学家的教育观点后，希望我们可以反思一下自己的教育方式，明确自己更倾向于哪种教育理念。为了帮助大家顺利完成反思，表 5-2 给出了教育理念自我评估表。你可以根据自己的情况打分，以找出自己最符合的教育理念。

表 5-2　教育理念自我评估

教育理念	描述	自我评分（1~5）
启发式教学（苏格拉底）	通过提问和引导，启发孩子独立思考和发现真理	
分层教育（柏拉图）	根据孩子的天赋和潜能进行分层教育，让他们在适合的领域发挥最大的潜能	
因材施教（亚里士多德）	根据孩子的实际需求，提供个性化教育	
有教无类和因材施教（孔子）	所有人都有接受教育的权利，根据学生的天赋、特点和需求进行教育	
因材而教（孟子）	根据学生的性格、能力和兴趣进行教育	
以学习者为中心（约翰·杜威）	关注学生的兴趣和需求。教育的真正目的是培养学生解决实际问题的能力、创造力、团队合作精神和实践技能	
自然发展（玛利亚·蒙台梭利）	通过创设自由、和谐的环境和精心设计的教具，激发儿童的好奇心和学习兴趣，鼓励他们自主探索和学习	
认知发展理论（皮亚杰）	儿童的认知发展是阶段性的，每个阶段都有其特点，因此教育应与学生的认知发展阶段相适应	
社会文化理论（维果茨基）	教育应关注学生的社会文化背景和现实生活环境，因此，个性化教育应考虑到学生的社会文化差异	

你在评估自己的教育理念后，可能会发现自己更倾向于某一种，也可能发现自己的教育理念是多元的，涉及不同教育学家的教育思想。这都是正常的，不必为此感到困扰。

此次教育理念自我评估并不意味着你需要严格遵循某一种教育理念，或者你需要成为某个教育学家的复制品。相反，这只是自我审视，可帮助你更好地理解自己的教育理念和偏好。

记住，每个孩子都是独一无二的，他们的学习方式、兴趣、天赋各不相同。因此，最有效的教育方式就是灵活而富有创造性的方式。这可能需要你借鉴多种教育理念，根据孩子的需求调整和改变教育方式。最重要的是，无论你的教育理念是什么，都是出于对孩子的爱和关心。只要你用心去教育孩子，用心去理解孩子，你就已经是一个优秀的教育者。

● 扩展阅读

1. History and Evolution of Public Education in the US

这篇文章概述了美国公共教育体系的演变，以及公共教育所承担的多重角色。文章认为，公共教育既要满足社会和经济的需求，又要促进个人的发展。文章还探讨了公共教育面临的一些挑战和机遇。

2. Philosophy of education：Problems，issues and tasks

这篇文章介绍了教育哲学的主要内容和研究方法，以及它所关注的一些问题、议题和任务。文章认为，教育哲学不仅要阐明教育相关的概念，如教育、教学、学习、培养、灌输等，还要分析教育的目的、价值、方法、评估等。

3. History of Education：an overview

这篇文章概述了教育史的研究范围和方法，以及它所涉及的不同层次和领域。文章认为，教育史研究不仅涉及教育制度、组织、内容、形式等，还涉及教育与社会、文化、政治、经济等的相互影响。

● 思考问题

1. 你认为教育学家提出的因材施教理念与 AI 之间的关联是什么？ AI 如何帮助我们实现这一理念？
2. 在因材施教的背景下，传统的教育方式存在哪些不足？ AI 又如何弥补这些不足？
3. 如何在教育过程中更好地利用 AI，以实现因材施教？如何在 AI 与教师之间找到平衡点，实现教育的优化？

第二节　因材施教的困难：无限的
个性化需求与有限的资源

在教育的历史长河中，因材施教一直被视为理想的教育方法，被认为是最有效的教育方法之一。然而在实践中，真正实现因材施教似乎只能停留在美好的愿景阶段。其中，一个关键困难就是如何在无限的个性化需求和有限的资源之间找到平衡。本节将探讨个性化教育分类、因材施教的现实挑战。

个性化教育分类

为了更好地了解因材施教的困难，我们需要首先了解个性化教育分类。个性化教育可以从多个方面分类，具体如下。

- **基本个性化（学习风格）**：有些学生善于通过听觉学习，例如通过听讲座或录音；而有些学生善于通过视觉学习，例如通过阅读或观看教学视频。不同的学习风格需要不同的教学方法，例如，教师可以根据学生的学习风格，使用多媒体教学资源来满足学生的学习需求。

- **进阶个性化（学习速度）**：每个学生的学习速度不尽相同。例如，有些学生在数学上可能进步迅速，而在语言学习上则需要花费更多时间。因此，教育者需要针对学生的学习速度采取不同的教学策略。蒙特台利教育法强调让学生按照自己的节奏来学习，以提高学习效果。

- **高级个性化（兴趣和激情）**：学生的兴趣和激情对于学习效果至关重要。研究表明，将学生的兴趣与学科内容相结合可以极大地提高学习效果，例如，在教授物理时，可以通过介绍相关的现实生活案例来激发学生的兴趣。此外，教师可以鼓励学生探索自己的兴趣领域，以提高学习的积极性。

- **专业个性化（背景知识和经验）**：学生的背景知识和经验影响着他们对新知识的理解。因此，教师需要在教学过程中充分考虑这一因素，以便更好地满足学生的学习需求。对于拥有不同背景知识的学生，教师可以采用差异化教学策略，以提高教学效果。

- **极致个性化（情感和心理）**：教育不仅仅是知识的传授，还需要关注学生的情感和心理需求。因此，因材施教应涵盖情感和心理层面的支持，以提高学生的学习积极性和幸福感。这就要求教师掌握一定的心理学知识，以便更好地理解和关心学生。

表 5-3 归纳了不同程度的个性化教育对比。

表 5-3　不同程度的个性化教育对比

个性化教育类别	示例	资源需求
基本个性化（学习风格）	为听觉型和视觉型学习者提供不同类型的教学材料	较低，需为不同学习风格的学生准备不同类型的教学材料
进阶个性化（学习速度）	为学习速度快或慢的学生制订不同的教学计划和进度	中等，需为学生量身定制教学计划和进度，可能需要额外的辅导和支持
高级个性化（兴趣和激情）	结合学生兴趣，设计不同主题的课程和活动	较高，需深入了解每个学生的兴趣，设计多样化的课程和活动
专业个性化（背景知识和经验）	根据学生的背景知识和经验调整教学内容和方法	较高，需充分了解学生的背景知识和经验，调整教学策略和内容，可能需要个别辅导
极致个性化（情感和心理）	为每个学生提供个性化的情感和心理支持	极高，需投入大量时间和精力关注每个学生的情感和心理需求，提供个性化支持

表 5-3 展示从基本个性化到极致个性化，教师需要投入越来越多的时间、精力，才能真正满足学生的个性化需求。这也体现出现实中实现因材施教的难度，以及潜在的资源紧张问题。

因材施教的现实挑战

因材施教这种强调按照学生的个性差异和兴趣进行教学的理念，能够充分激发学生的学习潜能并提升他们的学习体验。然而，在实际的教学环境中，这种教学方式面临诸多挑战。

　　首先，资源限制和大班额的问题是实现因材施教的障碍。在当前的教育环境中，教育资源（包括人力、资金等）总是有限的。在很多地方，由于人口众多和教育资金有限等，班级人数可能超过 40 甚至 50。这种情况使得教师难以对每个学生进行特别关注和指导。例如，一个教师要在有限的课时内对 40 名学生的学习进度进行跟踪，以及提供反馈和个性化指导，这是一个几乎不可能完成的任务。因此，这种环境下的教学往往变成以完成课堂内容为主，而忽视了对学生个性化需求的关注，导致因材施教理念无法得到有效落地。

　　其次，教师的知识和能力的局限性也是实现因材施教的一个重大挑战。在实践中，教师需要具备广泛的知识和技能，以应对学生多元化的学习需求。然而，教师的知识和能力有局限性，无法满足所有学生的个性化需求。例如，一名数学教师可能难以给对音乐有强烈兴趣的学生提供有效的指导。这导致在实际教学中，教师往往只能在其擅长的领域进行教学，而难以满足学生的其他个性化需求。

　　再次，教育体制的僵化也是阻碍因材施教的重要因素。在当今教育体制下，学校和教师往往被评定成绩和标准化测试成绩的压力所驱动，这使得教师很难有足够的空间和时间去实现个性化教学。例如，为了在年终的标准化考试中取得好成绩，教师可能需要将大量的时间和精力投入到教授考试相关的内容，而对学生的个性化发展和兴趣的培养则力不从心。

　　最后，评估每个学生的个性化需求也是一个主要挑战。评估每个学生的个性化需求需要花费大量的时间和精力。而在现实中，教师往往因为繁重的工作任务而无法进行深入的个性化评估。例如，教师需要设计和执行考试、批改作业，甚至可能需要承担行政任务，这些都占用了教师进行个性化评估的时间和精力。

总之，因材施教在理论上是一种理想的教育方式，但在现实中，教师和学校面临着从资源有限、教师能力局限，到教育体制僵化和评估困难等一系列挑战。这些挑战制约了因材施教的广泛实施。只有深入理解和正视这些挑战，我们才能更好地思考如何在实践中推动因材施教的发展。

对家长说的话

亲爱的家长们：

本节探讨了因材施教的困难——在无限的个性化需求与有限的资源之间寻找平衡。作为家长，我知道你可能正在努力寻找最佳的教育方式，以满足孩子的独特需求。然而，就像本节提到的，完全个性化的教育面临巨大挑战，需要投入大量的时间、精力和资源。

不过，请不要因此感到沮丧或压力过大。虽然完全个性化的教育在实践中可能很难实现，但这并不意味着我们不能根据孩子的个性和需求做出调整。实际上，我们可以采取一些策略来更好地满足孩子的需求，而无须过度消耗教育资源。

例如，我们可以试着了解孩子的学习风格，并在可能的情况下，提供适合他们的学习材料。如果你的孩子喜欢视觉学习，那么可以使用更多的图像和视频来辅助学习；如果你的孩子喜欢听觉学习，那么可以尝试使用音频教学。

此外，我们也可以尽力了解孩子的学习速度，并尽可能地让他们按照自己的节奏来学习。这可能意味着在某些主题上花费更多的时间，或者在他们掌握某些概念后更快地进行练习。

　　同时，我们可以鼓励孩子探索他们的兴趣，并尽可能地将这些兴趣与学习结合。这不仅可以提高孩子的学习积极性，也可以帮助他们发现学习的乐趣。

　　当然，我完全理解，作为家长，我们的时间和精力也是有限的。可能我们无法在所有方面都做到完全个性化，但是，请记住，我们的目标并不是达到完美，而是尽可能地满足孩子的需求。只要尽力而为，我们就已经是孩子最好的教师。

● 扩展阅读

1. Cognitive Challenges of Effective Teaching

　　这篇文章列举了 9 个影响教学效果的认知挑战，包括学生的先验知识、动机、注意力、记忆、理解、元认知、转移、创造力和评价。文章认为，教师应该了解这些挑战，并采取相应的策略来应对。

2. Enhancing Teaching Effectiveness and Student Learning Outcomes

　　这篇文章探讨了如何提高教师的教学效能和学生的学习效果。文章提出了一个教学效能模型，包括 4 个维度：教师的专业知识、教学方法、课堂氛围和学生评估。文章还介绍了一些实用的教学技巧和建议。

3. Challenges in integrating 21st century skills into education systems

　　这篇文章介绍了一个国际项目，旨在探索如何将批判性思维、创造力、沟通和合作等融入教育体系。文章分析了教育体系在课程评估、教师培训和政策制定等方面的挑战与机遇。

4. Student Learning: Attitudes, Engagement and Strategies

这篇文章基于国际学生评估项目（PISA）提供的数据，研究了学生的学习态度、参与度和教学策略对他们学习成绩的影响。文章发现，学生对自己的能力和未来的信心、对学习内容的兴趣、在学习过程中的价值感以及与教师和同伴的关系等都会影响他们的学习表现。

5. A Review of the Literature on Teacher Effectiveness and Student Outcomes

这篇文章回顾了有关教师教学效能和学生学习效果的文献，总结了不同的理论框架和测量方法。文章认为，教师教学效能是一个多维和动态的概念，受到个人、情境和环境等多种因素的影响。

6. 7 Biggest Challenges for Teachers in 2022

这篇文章根据教师的反馈，列出了他们在 2022 年面临的七大挑战，包括课堂管理、制定有趣的课程计划、时间管理、满足不同的学习风格、应对新技术、保持专业发展、平衡工作与生活。

● **思考问题**

1. 在现实中，哪些障碍制约了因材施教理念的实现？如何克服这些障碍？
2. AI 如何在实现因材施教方面发挥作用？
3. 在未来，教育体系如何与 AI 相结合，从而更好地实现因材施教？

第三节　AI 改变教育资源的个性化匹配

资源分配问题一直是社会经济学领域的研究热点，其中教育资源的个性化匹配尤为重要。教育资源包括教材、课程、学校设备、教师等各种与学习相关的内容和服务。如何根据每个学生的学习进度、能力、兴趣和需求，为他们提供最合适的教育资源，是一个极具挑战的问题。AI 在这方面展现了巨大的潜力和价值，下面将具体探讨。

AI 在教育资源个性化匹配方面的优势

- **数据驱动**：AI 可以利用大量的数据来学习和推理，从而提高匹配精度。这种数据驱动的方法在很大程度上避免了传统方法中的主观判断和猜测。例如，Knewton 平台根据学生的测试成绩、学习目标、偏好等信息，为他们推荐适合他们水平和进度的课程，并且可以根据他们的表现进行动态调整。据统计，使用 Knewton 平台的学生比未使用平台的学生的成绩提高了 14%。

- **实时更新**：AI 可以实时收集和处理信息、及时调整资源匹配策略。这意味着 AI 可以根据学生的实际需求，动态调整资源分配。例如，Duolingo 是一家使用 AI 技术为客户定制语言学习的公司。它可以根据客户的母语、目标学习语言、学习水平、兴趣等，自动生成个性化和有效的语言课程，并且可以根据反馈进行实时调整。

- **全局优化**：AI 可以在全球范围内优化资源分配，从而实现资源利用最大化。这有助于缓解教育资源不均衡问题。例如，Coursera

平台可以根据学生的年龄、学习水平、兴趣等信息，为他们推荐最适合的课程，并且可以根据反馈和评价进行调整。通过这种方式，Coursera 可以让更多地区和不同水平的学生享受到优质的在线教育服务。

- **个性化推荐**：AI 可以根据学生的个人特点和需求，为他们提供个性化的教育资源。这可以提高教育的针对性和有效性。例如，Chegg 平台可以根据学生的学习目标、能力、风格等信息，为他们生成最适合的学习路径，并且可以根据反馈和表现进行实时优化。据报道，使用 Chegg 平台的学生比未使用平台的学生的学习效率提高了 30%。

- **自我学习与改进**：AI 可以通过自我学习不断提高匹配能力。这意味着随着时间的推移，AI 的匹配效果会越来越好。例如，ChatGPT 是一款聊天机器人，它可以与用户进行自然语言对话，并根据用户的反馈和评价进行自我调整和优化。ChatGPT 可以用于教育领域，为学生提供辅导、答疑、反馈等服务。

AI 在教育资源个性化匹配方面的应用场景

- **教材推荐**：多邻国 App 可以根据客户提供的课程大纲、知识点、难度等要求，自动生成符合标准的教材内容，并且可以根据反馈进行实时修改。

- **课程安排**：Knewton 平台可以根据学生的测试成绩、学习目标、偏好等信息，为他们推荐适合他们水平和进度的课程，并且可以根据他们的表现进行动态调整。

- **学习计划制定**：Chegg 平台可以根据学生的学习目标、能力、风格等信息，为他们生成最适合的学习路径，并且可以根据反馈和表现进行实时优化。
- **教师分配**：Knewton 平台可以根据学生的年龄、水平、兴趣等信息，为他们推荐最适合的教师，并且可以根据反馈和评价进行调整。
- **学习辅导**：ChatGPT 可以与用户进行自然语言对话，并根据用户的问题和需求提供相应的答案和建议。

表 5-4 对表 5-3 进行了更新。

表 5-4　不同程度的个性化教育改进对比

个性化教育 类别	示例	资源需求（无 AI）	应用 AI	资源需求 （使用 AI）
基本个性化 （学习风格）	为听觉型和视觉型学习者提供不同类型的教学材料	较低，需为不同学习风格的学生准备不同类型的教学材料	AI 生成多种类型的教学材料	低，自动生成适合不同学习风格的教学材料
进阶个性化 （学习速度）	为学习速度快或慢的学生制订不同的教学计划和进度	中等，需为学生量身定制教学计划和进度，可能需要额外的辅导和支持	AI 分析学生的学习进度，自动调整计划	低至中等，AI 自动调整教学计划和进度，减轻教师负担
高级个性化 （兴趣和激情）	结合学生兴趣，设计不同主题的课程和活动	较高，需深入了解每个学生的兴趣，设计多样化的课程和活动	AI 分析学生兴趣，推荐相关课程和活动	中等，AI 协助教师根据学生兴趣设计课程和活动
专业个性化 （背景知识和经验）	根据学生的背景知识和经验调整教学内容和方法	较高，需充分了解学生的背景知识和经验，调整教学策略和内容，可能需要个别辅导	AI 根据学生背景生成定制化教学内容	中等，AI 辅助教师调整教学策略和内容，满足个别辅导需求
极致个性化 （情感和心理）	为每个学生提供个性化的情感和心理支持	极高，需投入大量时间和精力关注每个学生的情感和心理需求，提供个性化支持	AI 监测学生情绪，提供初步干预	高，AI 辅助教师关注学生情感和心理需求，但仍需人工关怀

在表 5-4 中，我们可以看到 AI 在各个层次的个性化教育中的应用，以及它如何减轻教育资源紧缺的压力。例如，在基本个性化教育和进阶个性化教育方面，AI 可以分析学生的学习风格和学习进度，并相应地生成适合各种学习风格和进度的教学材料与计划。这可以减少教师在准备教学材料和调整教学计划方面所需投入的时间和精力。在高级个性化教育和专业个性化教育方面，AI 可以通过分析学生的兴趣和背景来推荐相关课程和活动，或者生成定制化的教学内容。这将有助于教师更好地满足学生的需求，同时减轻他们在课程设计和教学策略调整方面的负担。

尽管在极致个性化教育方面，AI 可以辅助教师关注学生的情感和心理需求，但它不能完全替代人类教师的关怀和支持。在这一层面，AI 可以作为辅助工具，监测学生的情绪并提供初步干预，但仍然需要教师的人工关怀和指导。

AI 是一项革命性技术，它可以创造新内容，并提供个性化服务。但 AI 并不是完美的，也面临一些挑战。例如，AI 可能会产生一些不真实或不准确的内容，误导用户；AI 可能会带来一些版权或隐私问题，引起法律或道德争议；AI 可能会取代一些教育工作岗位，造成失业或竞争。

因此，在使用 AI 时，我们需要注意以下几点：一是保持理性和审慎的态度，不要盲目相信或依赖 AI 提供的内容和服务，要有自己的判断和思考；二是遵守相关的法律和道德规范，不要滥用 AI 的能力，要尊重他人的权利和利益；三是持续关注 AI 的发展，要与其共同进步。

对家长说的话

亲爱的家长们：

随着 AI 在教育领域的应用，教育资源的个性化匹配成为可能。作为家长，我们需与时俱进，帮助孩子成长。以下是一些使用 AI 的建议。

- **了解并选择合适的 AI 工具**：花时间去了解不同的 AI 教育工具和服务，了解它们如何根据学习者的需求和特点提供个性化教材、课程、学习计划和教师。选择对孩子最有价值的工具和服务。

- **监督 AI 的应用**：虽然 AI 能够实现教育资源的个性化匹配，但它并非无懈可击。定期审查 AI 为孩子提供的资源和推荐，确认它们真正满足孩子的需求，同时注意孩子在使用这些资源时的反馈和状态，以便及时进行调整。

- **鼓励孩子参与决策**：让孩子参与选择 AI 工具的过程并评估推荐资源。尽管 AI 的推荐可能很有帮助，但我们还需通过自己的判断，结合孩子的兴趣和目标，来决定最适合孩子的学习路径。

- **与 AI 提供商保持沟通**：如果对 AI 提供的服务或推荐有疑问或不满，及时与 AI 提供商进行沟通。你的反馈可以帮助它们改进产品，进而提供更好的服务。

- **教导孩子利用 AI 提高学习效率**：鼓励孩子利用 AI 来提高学习效率。例如，孩子可以使用 ChatGPT 等工具获得学习辅导、答疑、反馈等服务，从而提高学习效率。

希望这些建议能够帮助你在新的教育环境中找到适合孩子的策略。

● **扩展阅读**

1. Top 6 Use Cases of Generative AI in Education

这篇文章介绍了 AI 在教育领域的 6 个应用场景，包括个性化课程推送、课程设计、课程内容创作、数据隐私保护、旧学习材料修复和辅导。文章认为，AI 可以帮助教师提高教学效率和质量，帮助学生提高学习效率和质量。

2. Generative AI: Education In The Age Of Innovation

这篇文章探讨了 AI 如何革新教育，特别是英语语法教学。文章介绍了 ChatGPT 可以根据学生的学习水平和需求生成个性化的语法练习和反馈。文章认为，这种教学方法有助于提高学生的英语语法学习能力和沟通能力。

3. Unlocking the Power of ChatGPT: A Framework for Applying Generative AI in Education

这篇文章提出了一个在教育中应用 AI 的框架，包括 4 个步骤：定义教育目标、选择合适的 AI 工具、设计有效的教学活动和评估教学效果。文章还给出了一些实际的案例和建议。

4. What Generative AI Will Bring to the Education Market

这篇文章分析了 AI 对教育市场的影响和面临的挑战。文章认为，AI 可以生成个性化的教育资源，减轻教师的工作负担，并惠及资源有限的学校。文章还指出了一些需要注意的问题，如数据质量、版权保护和伦理道德等。

● **思考问题**

1. AI 在教育资源个性化匹配方面的主要优势有哪些？请结合文章中的实际案例进行分析。

2. 请讨论 AI 在教育资源个性化匹配过程中可能面临的挑战和风险，并提出可能的解决方案。

3. 从长远发展角度来看，AI 如何改变教育资源分配方式，以促进教育公平和提高教学质量？请给出你的看法和建议。

第四节　案例 1：来自 Khanmigo 的 AI 教学案例

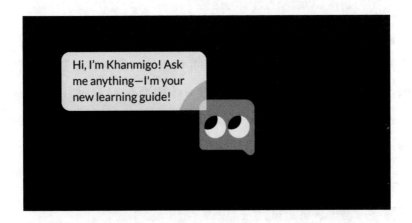

　　我们需要对 AI 在教育中的使用进行深入和全面的分析，以便充分利用它的优势，同时避免或减轻它可能造成的负面影响。本节通过一个具体的案例（即 Khanmigo）来探讨 AI 在教育中的应用和影响。Khanmigo 是由可汗学院开发的一个 AI 辅助教学工具，它为学习者和教

师提供个性化的辅导和支持。本节将介绍 Khanmigo 的功能、特点、优
势和局限。

　　Khanmigo 是可汗学院为了探索 AI 在教育中的未来而推出的一个创
新项目。它是一个基于 ChatGPT 技术的对话式 AI 系统，可以与学习者
和教师进行自然语言交流，并根据他们的需求和情境提供个性化的辅导
和支持。ChatGPT 是一种利用深度神经网络来生成自然语言文本的技术，
它可以根据上下文和目标生成流畅、连贯、有逻辑的对话，从而实现与
人类的自然语言交流。

Khanmigo 的功能和特点

为学习者提供定制化的学习路径

　　Khanmigo 可以根据学习者的学习兴趣、目标、水平、进度等，为
他们推荐合适的可汗学院学习资源，并根据他们的反馈和表现进行实时
调整。例如，当学习者告诉 Khanmigo 他想要学习编程时，Khanmigo
会根据他的年龄、编程基础、兴趣等信息，为他推荐一些合适的编程
课程，并在他完成每门课程后，给出一些评价和建议，以及推荐下一门
课程。

为学习者提供促进批判性思维的问题

　　Khanmigo 可以根据学习者正在学习的主题，提出一些开放式或探
究式问题，引导他们进行深入思考、分析和解决问题。例如，当学习者
正在观看关于地球运动的视频时，Khanmigo 会向他提出一些问题，如
"地球为什么会有季节变化？""地球运动对人类生活有什么影响？""如何

用科学的方法验证地球运动规律？"等，让学习者从不同角度进行思考。

为学习者提供相关资源和反馈

Khanmigo 可以根据学习者的问题或困惑，为他们提供相关的可汗学院学习资源或其他网上学习资源，帮助他们解决问题或拓展知识。Khanmigo 还可以根据学习者的回答或作品，提供及时和有用的反馈，帮助他们改进和提高。例如，当学习者在做一个关于分数加法的练习时，如果他答错了，Khanmigo 会给他提示错误原因，并给出相关的视频或文章链接，让他复习分数加法的概念和计算方法；如果他答对了，Khanmigo 会给他鼓励，并给出更高难度的题目。

为教师提供辅助教学的工具

Khanmigo 可以帮助教师进行教学设计和管理。例如，它可以为教师提供适合班级或个别学生情况的课程计划、作业、测验等教学资源。它还可以为教师提供学生的学习数据和分析结果，帮助教师了解学生的进度、困难、兴趣等，从而进行及时指导和反馈。此外，它还可以为教师提供与其他教师交流和分享经验的平台，促进教师之间的协作和学习。

Khanmigo 的优势和局限

Khanmigo 作为一个 AI 辅助教学工具，在教育中有着明显的优势，但也存在一些局限。我们将从以下几方面进行分析。

- **学习效果**：Khanmigo 可以通过提供定制化的学习路径、资源、反馈等，帮助学习者提高学习效果，例如提升学习者的知识掌握速度、理解深度、应用能力等。Khanmigo 还可以通过提出促进批判性思维的问题、支持多语言和多文化交流、模拟人类智能行为等，帮助学习者提升学习效果，例如培养学习者的高阶思维能力、跨文化意识、创造力等。然而，Khanmigo 也存在一些影响学习效果的局限，例如它可能无法完全理解和满足学习者的需求，也可能无法完全模仿人类教师或同伴的交流方式和情感表达，还可能无法完全保证生成内容或反馈的质量和准确性等。

- **学习体验**：Khanmigo 可以通过提供自然语言交流、及时反馈、创新活动等，帮助学习者提升学习体验，例如提升学习者的学习自主性和信心、激发学习者的学习兴趣和动机、提升学习者的表达和协作能力等。Khanmigo 还可以通过虚拟现实、增强现实、混合现实等技术，帮助学习者提升学习体验，例如增强学习者的沉浸感和情境感、拓展学习者的视野等。然而，Khanmigo 也存在一些影响学习体验的局限，例如它可能无法完全掌握学习者的个性、偏好，也可能无法完全建立和维持与学习者的信任和亲密感，还可能无法完全避免或解决一些技术或教育层面的问题等。

- **教育公平**：Khanmigo 可以通过提供免费和优质的教育资源、支持多语言和多文化交流、满足不同水平的学习者的学习需求等，帮助促进教育公平，例如缩小知识鸿沟、扩大教育机会、提高教育质量等。Khanmigo 还可以通过虚拟现实、增强现实、混合现实等技术，帮助促进教育公平，例如消除地理和物理障碍、增加教育多样性和包容性等。然而，Khanmigo 也存在一些影响教育公平的局限，例如它可能无法完全消除一些社会或经济层面的不平等或歧视，也可能无法完全避免或消除一些数据或算法层面的偏见或歧视，还可能无法完全保护或尊重学习者和教师的利益与权利等。

- **教育创新**：Khanmigo 可以通过提供创新的功能和模式、支持多种类型和形式的内容生成、引导人机协作和互动等，帮助促进教育创新，例如改变教学和学习方式和内容、拓展教育领域和主题、提升教育价值等。Khanmigo 还可以通过虚拟现实、增强现实、混合现实等技术，帮助促进教育创新，例如创造和体验不同的学习环境、探索和发现不同的领域知识、表达和分享不同的创作等。然而，Khanmigo 也存在一些影响教育创新的局限，例如它可能无法完全适应或引领教育变革趋势，也可能无法完全激发人类创造力和想象力，还可能存在一些技术和伦理方面的问题。因此，我们在使用 Khanmigo 时需注意这些局限，并且需要不断探索、创新。

以上是 Khanmigo 在教育中的优势和局限的分析。我们可以看到，Khanmigo 是一个有着明显优势但也存在一些局限的 AI 辅助教学工具。它是学习者和教师的智能学习伙伴，但也需要我们谨慎使用，以人为本。

对家长说的话

亲爱的家长们：

了解孩子是否适合使用 Khanmigo 以及如何使用它，是至关重要的。家长应该仔细观察孩子的学习习惯和学习风格，如果你的孩子是自我驱动型学习者，愿意尝试新的学习工具，并且能够在一定程度上独立学习，那么他可能更适合使用 Khanmigo。此外，如果孩子在某个特定主题上的学习需要额外支持，或者对某个主题有强烈的兴趣，那么 Khanmigo 可以为他们提供定制的学习路径和学习资源。

对于如何使用 Khanmigo，这里有一些步骤可以参考。

- **创建账户**。访问可汗学院的网站，并按照指示创建账户。这通常需要输入一些基本信息，如电子邮件地址、用户名和密码。如果孩子太小，家长可以代劳。

- **设置学习目标**。在创建账户后，Khanmigo 会询问一些关于孩子的问题，例如，最喜欢什么主题，希望提高哪方面技能，以帮助确定他们的学习目标。

- **开始学习**。根据所设定的目标，Khanmigo 推荐一些相关的可汗学院学习资源。孩子可以直接开始学习，同时 Khanmigo 会根据他们的反馈和学习表现调整推荐的资源。

- **监控进度**。家长可以登录自己的账户，查看孩子的学习进度和反馈。这有助于了解孩子的学习表现和进步，并在必要时提供额外的支持。

- **定期和孩子讨论**。Khanmigo 只是一个辅助工具，真正的教育仍然需要家长的参与和引导。

● **扩展阅读**

1. Khanmigo Education AI Guide

这篇文章介绍了由可汗学院开发的 AI 辅助教学工具 Khanmigo 的

功能、优势，以及如何参与测试和反馈。

2. Update: Introducing… Khanmigo! Khan Academy's AI Tool

这篇文章宣布了 Khanmigo 的上线，以及它对教师和学生的价值。文章还解释了为什么需要捐款来支持 Khanmigo 的开发和运行。

3. Sal Khan's 2023 TED Talk: AI in the classroom can transform education

这篇文章总结了 Sal Khan 在 2023 年 TED 演讲的主要内容，包括 AI 在教育中的潜力和愿景。他认为，AI 可以帮助实现因材施教、个性化学习和终身学习等目标。

4. How do the Large Language Models powering Khanmigo work?

这篇文章解释了 Khanmigo 背后的技术原理：使用了大型语言模型（如 GPT-4）来生成文本和语音。

● 思考问题

1. 如何在 Khanmigo 这样的 AI 辅导工具中加入人际互动元素，以更好地模拟人类教师或学生间的互动，从而提高学习者的参与度和学习效果？

2. Khanmigo 在教育领域可能会遇到哪些伦理和隐私方面的挑战？如何在保障学习者隐私的前提下，发挥 AI 辅导工具的潜力？

3. 如何确保 Khanmigo 等 AI 辅导工具满足不同文化和教育背景的学习者需求？在全球范围内推广和应用这类工具时，我们应考虑哪些因素，以避免教育不平等现象的加剧？

第五节   案例 2：来自 Hello History 的
名人教学案例

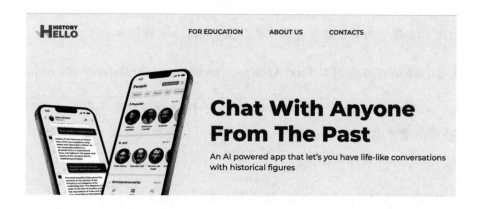

Hello History 可以实现学生和历史名人如孔子、爱因斯坦等进行类似真人的对话。学生可以通过该应用程序了解历史、文化和世界。

在音乐历史中，贝多芬无疑是最重要的人物之一。他的音乐作品和他克服重重困难的人生故事，是音乐史教学中不可或缺的。但是，传统的音乐教学方式往往会让学生感到枯燥，甚至导致他们对贝多芬产生误解。我们需要寻找一种新的教学方式，让学生更深入、更全面地了解贝多芬。

梦寐以求的个性化教学法

个性化教学法是一种重要的教学策略，旨在满足个体差异的学生的学习需求，提供个性化的学习体验。在 Hello History 的帮助下，我们终于有机会实现个性化教学。首先，通过交互式对话，我们可以更好地理解历史名人的思想，因为我们可以提出具体的问题，并得到即时的回应，这样可以让我们深入理解其观点的语境和背景。其次，AI 能提供动态的信息输出，根据每个人不同的理解和问题生成不同的答案，这种灵活性比死记硬背更加符合个体学习需求。最后，AI 还可以通过模拟历史名人的思考模式和价值观，帮助我们探索他们可能未曾明确表述过的观点，以便更全面地理解他们。

激发学习兴趣：一个交互实例

相比传统的教育方式，个性化教学法激发了学生的学习兴趣。下面将以伟大的作曲家贝多芬为例，具体介绍 Hello History 如何激发学生的学习兴趣。通过与 AI 贝多芬的交流，学生建立起与贝多芬的亲密关系，产生了了解贝多芬生平故事和音乐作品的兴趣，如表 5-5 所示。这种学习方式激励学生更主动地探索和学习，激发了他们的学习兴趣和参与热情。

表 5-5　交互实例

学生	AI 贝多芬
你能简单介绍一下自己吗?	我是贝多芬，全名路德维希·凡·贝多芬，是欧洲古典音乐时期的一位重要作曲家，也是浪漫主义音乐时期的先驱之一
你的音乐启蒙教育是怎样的?	父亲是我的第一位音乐老师，他是一个严格的老师
你的音乐风格经历了哪些变化?	我的音乐创作大致可以分为 3 个阶段：初期受到了古典主义风格的影响，中期开始尝试更多的音乐形式和表达方式，晚期形成了自己独特的音乐表达风格
能告诉我一些你的重要作品吗?	我的重要作品非常多，包括 9 部交响曲、32 部钢琴奏鸣曲、5 部钢琴协奏曲、10 部小提琴奏鸣曲，以及众多室内乐和声乐作品

（续）

学生	AI 贝多芬
你的《命运交响曲》的灵感来源是什么？	《命运交响曲》是我生命中作品创作的一个转折点，它源于我对生活中挫折和挑战的反思。作品中的每一个音符，都在诉说我在音乐上的创新和对命运的挑战
你的生活经历对你的创作有什么影响？	我的生活经历对我的音乐创作有着深远的影响。我的作品往往充满激情，展现了我对生活的深深热爱，也反映了我在人生道路上的各种挑战和困苦
你的耳疾对你的创作产生了哪些影响？	尽管我的耳疾使我不能再听到美妙的音乐，但我仍然坚持创作，这是我生命中最大的挑战。这种挑战也使我的音乐充满了更深沉的情感和更高的精神追求
你的音乐理念是什么？	对我来说，音乐不仅是艺术，更是灵魂的表达。我始终认为，音乐应该能够表达人的情感，触动人的心灵
你的音乐对后世有什么影响？	我的音乐对后世产生了深远影响。我在音乐中融入了个人的情感和思想，开创了浪漫主义音乐的先河
你有什么建议给想要学习音乐的孩子们吗？	我认为学习音乐首先要有热爱，要对音乐有真正的感情。此外，学习音乐需要耐心和毅力，因为精神世界不是一蹴而就的

通过以上学生与 AI 贝多芬的聊天过程，我们可以看到 AI 在教育领域的巨大潜力。学生不再是被动的知识接受者，而是通过与 AI 的互动，主动探索和学习。他们能够更加深入地理解历史人物的生活和思想，从而对历史有更深层次的理解。传统的历史名人贝多芬教学和 AI 辅助教学对比如表 5-6 所示。

表 5-6　传统的历史名人贝多芬教学和 AI 辅助教学对比

对比项	传统的历史名人贝多芬教学	AI 辅助教学
教学方式	通常通过教科书或者讲座的形式，主要传授贝多芬的生平和作品信息	学生可以通过与 AI 贝多芬直接对话的方式，获取关于贝多芬的信息
理解深度	学生可能只理解到贝多芬的表面信息，如他的生平和作品，但难以理解到他的内心世界和创作动机	通过模拟贝多芬的回答，学生可以更好地理解他的感受、想法，以及他是如何应对困难和挑战的

（续）

对比项	传统的历史名人贝多芬教学	AI 辅助教学
学习动机	学生可能因为学习内容枯燥、缺乏体验，而对学习贝多芬的生平和音乐作品缺乏动机	通过与 AI 贝多芬交流，学生对贝多芬的生平和音乐作品产生兴趣，从而激发学习兴趣
个性化学习	在传统的教育方式中，教师可能难以针对每一个学生的学习情况进行个性化教学	在 Hello History 辅助下，每个学生可以根据自己的兴趣和问题，与 AI 贝多芬进行交流，更好地满足学习需求

对家长说的话

亲爱的家长们：

很高兴在这里与你分享 Hello History 这种创新学习工具。我们都希望孩子在学习的过程中充满兴趣、有深度的理解，以及能够与学习内容形成连接。Hello History 正好能满足这些需求，它为孩子创造了一个全新的学习环境，不仅能够提高他们的学习兴趣，还能使他们深入理解和掌握知识。

比如，上面的案例中展示了 Hello History 如何帮助孩子理解和感受贝多芬的音乐作品和人生故事。通过直接和 AI 贝多芬对话，孩子能够以一种全新的方式理解历史人物，更深入地理解他们的思想和生活。这种交互式学习更符合孩子的学习习惯，也能激发他们的学习兴趣。

我们鼓励孩子使用 Hello History，让他们与历史名人在虚拟世界直接对话。而作为家长，我们也可以结合孩子的兴趣点，为他们设计一些具体的学习案例。譬如，如果孩子对科学感兴趣，可以鼓励他们通过 Hello History 与爱因斯坦对话，了解他的科学理念、研究方法和人生经历。他们可以问爱因斯坦如何看待科学，如何克服科学研究中的困难。这样的交互能够让孩子更好地理解科学，并对科学产生更浓厚的兴趣。

如果孩子对绘画感兴趣，可以鼓励他们与凡·高或毕加索对话，了解他们的艺术观点、创作灵感，以及他们如何看待艺术和生活的关系。通过这种交互，孩子可以更深入地理解艺术家的思想，提升创造力。

总体来说，Hello History 是一个具有巨大潜力的学习工具，它能够以一种全新的方式帮助孩子了解历史名人，培养学习兴趣。

● 扩展阅读

1. Teaching History Through the Case Method

这篇文章介绍了一种用案例方法来教授历史的教学设计，它由历史学家 David Moss 提出。文章介绍了案例方法的特点和优势，以及它如何提高学生的批判性思维、加深学生对课程内容的理解。

2. Case-Based Learning

这篇文章介绍了一种基于案例的学习方法，它是一种建构主义模式下的教学策略，让学生通过分析和讨论真实或虚构的情境来应用知识和技能。文章介绍了基于案例的学习方法的定义、特点、优点、步骤，给出了一些实施建议。

3. Common Case Teaching Challenges and Possible Solutions

这篇文章总结了一些在使用案例教学时可能遇到的挑战和解决方案，包括如何选择合适的案例，如何引导学生进行有效的分析和讨论，如何教育不同水平和兴趣的学生，如何评估学生的表现等。

4. Case studies and practical examples: Supporting teaching and improving student outcomes

　　这篇文章介绍了一些使用案例研究来提高教学质量和学生学习效果的技巧和建议，包括如何设计有趣和有挑战的问题，如何促进学生之间的合作和交流等。

● 思考问题

1. Hello History 实现了学生与虚拟贝多芬互动，这种方式如何改变学生对贝多芬音乐理念的理解？

2. 对比传统教育方式和 Hello History 的 AI 辅助教育，哪种教育方式更能激发学生的学习兴趣？你能给出具体的原因或例子来支持你的观点吗？

3. 你认为 Hello History 的 AI 教育方式有哪些局限？未来，我们应如何改进使用 AI 进行教育？

作为一名教师，你的角色不是去评判或给学生贴标签，而是更好地理解学生的表现，并帮助他们进步。

——格兰特·威金斯

Artificial Intelligence, AI

CHAPTER 6
第六章

AI 优化教育评估模式

————

这句话之所以有价值，是因为它揭示了教育评估的真正目的和教师在评估过程中应扮演的角色。评估不应是为了给学生打分或贴标签，而应以学生的发展为核心，关注他们的表现和学习进步。这句话强调了教师在教育评估中的作用，即帮助学生提高能力，而不是单纯地作为一个评判者。本章将探讨如何借助 AI 优化教育评估。首先，从学生、教师、学校和社会角度剖析教育评估的重要性。接着，讨论教育评估过程中的不可能三角：准确、简便与成本低。最后，详细介绍 AI 如何打破教育评估中的不可能三角，从而实现更加有效和公平的教育评估。

第一节　教育评估的重要性：
从学生、教师、学校和社会角度探讨

教育评估是衡量学生学习效果、教师教学效果、学校教育质量和社会教育公平的重要手段。本节将从学生、教师、学校和社会角度探讨教育评估的重要性，并通过具体案例和相关数据来支持论点。

从学生角度：教育评估对学习效果的提升

个性化评估

从个性化评估角度来看，教育评估是一个灵活的过程，可以针对每个学生的独特性，制定个性化的评估标准。在这样的评估系统中，每个学生被视为一个独立的个体，而非与他人进行比较。这种以学生为中心的评估方法，旨在鼓励学生关注和认识自己的学习进步，从而提高学习效果。

芬兰的教育体系是个性化评估的典型例子。在芬兰，教师会充分考虑每个学生的能力、兴趣和学习风格，制定不同的评估标准和教学策略。比如，对于善于口头表达的学生，教师可能会给予更多的口头报告机会；对于善于写作的学生，教师可能会设计更多的写作任务。这样的评估方式让学生能更专注于他们自身的进步，从而提高学习成果和自信心。

同样，新加坡和荷兰等国家也采取了类似的个性化评估方法。在这些国家，教育体系高度重视学生的个人发展和需求，而不是简单地按照统一的标准或者平均水平进行评估。通过这种方法，教育评估变成一个促进学生个人发展，提升学习效果的重要工具。

综上所述，个性化评估方式不仅考虑了学生的个体差异，也鼓励他们专注于自我进步，从而提高学习效果。因此，无论教育者还是学生，都应该认识到个性化评估在提高学习效果中的重要作用。

多元化评估

从多元化评估角度出发，教育体系不再仅仅是以单一标准进行评估，而是对学生从多个层面进行评估。这种评估方式更加人性化，充分考虑到学生的个性差异和多元化能力表现。例如，国际学生能力评估计划（Programme for International Student Assessment，PISA）就是一种多元化评估方式。PISA 包括阅读、数学和科学 3 个方面的测试，目标是全面评估学生的学习素质和实际能力。这种评估方式能够有效发现学生在不同方面的优势和劣势，从而帮助教师为学生提供更有针对性和更有效的教育支持。另外，国际数学与科学教育趋势研究（Trends in International Mathematics and Science Study，TIMSS）和国际小学生阅读能力进展研究（Progress in International Reading Literacy Study，PIRLS）等其他国际评估项目也同样提供了多元化评估方式，全面衡量学生的知识水平和技能。例如，TIMSS 注重衡量学生的数学和科学素质，PIRLS 更专注于衡量学生的阅读能力。

这些多元化评估方式不仅全面衡量了学生的学习效果，更提供了改进教学、优化教育资源的依据。因此，我们应当充分认识到多元化评估在提高学习效果中的重要作用，不断推动教育评估的多元化和深化。

从教师角度：教育评估带来的清晰反馈与专业发展

清晰反馈

倘若我们站在教师的立场，教育评估是教师专业发展的显著推动力。特别是在反馈信息方面，教育评估的作用尤为明显。

教育评估的反馈信息帮助教师了解学生的学习状况，使他们能够审视并优化自己的教学方法。在这个过程中，教师可以识别自身教学策略的优点和不足，进一步提升教学质量。

在实际应用中，许多国家和地区的教育体系都充分利用教育评估的反馈信息。以美国为例，教师会通过多种方式收集学生的学习信息。他们可能会观察学生在课堂上的行为和参与度，分析学生的测试成绩和作业完成情况，以及收集同行的反馈和学生的评价等信息。这些反馈信息不仅帮助教师了解学生的学习进展和理解水平，也使教师可以根据学生的需求调整教学策略和方法。

这样的反馈信息有助于促进教师与学生之间的沟通和互动，从而形成一个积极、有益的教学环境。在这个环境中，教师可以更好地满足学生的学习需求，提高他们的学习成果，同时可以根据学生的反馈，自我反思，不断提升自己的教学能力和专业素质。

总体来说，教育评估的反馈信息不仅对教师的教学行为产生指导作用，更能够推动教师的专业发展，从而提高整体的教学质量。

专业发展

借助教育评估，教师的专业素质得到提升。这对于教师的成长至关重要，不仅能够帮助他们提升专业技能，也能鼓励他们持续探索和改进教学实践。

新加坡是对此有深入理解并深入实践的国家。在新加坡的教育体系中，教师需要定期参加教育评估培训，以提高自己的评估能力。这种结构化的培训可以帮助教师理解评估的重要性，掌握科学的评估方法，以及学习如何根据评估结果改进教学。此外，培训过程也可以让教师有机会反思自己的教学，发现可能存在的问题，从而找到相应的解决策略。

在全球范围内，许多国家积极采用教育评估方式来促进教师的专业发展。在澳大利亚，教师在进行教育评估的同时，也会参与持续的专业发展计划制订工作。这种计划旨在通过提供培训和支持，帮助教师提高教学能力，提高教学质量。

教育评估在加拿大教师的职业生涯中占据重要地位。教师需要定期接受评估和培训，以提升教学技能。此外，这些评估和培训还有助于教师建立和维持良好的教育行为，以满足学生的多样化需求。

这些国家的实践清晰地展现了教育评估对于推动教师专业发展的重要性。其目标不仅仅是提高教师的评估能力，更在于促进教师的持续学习，推动他们在教学实践中不断改进和创新，从而提高整个教育体系的教学质量。

从学校角度：教育评估对提升教育质量的贡献

校级评估

从学校视角来看，教育评估不仅是一种评价工具，更是提升教学质量、推动学校发展的重要手段。

校级评估在教育评估过程中发挥着重要作用。通过评估，学校可以了解自身办学优势和劣势，发现存在的问题，并据此采取相应的改进措施。这样，学校就有可能在保障教学质量的同时，持续优化和提升自己的教学实践。

英国的"教育、儿童服务和技能标准办公室"（Office for Standards in Education, Children's Services and Skills, Ofsted）就是一个很好的例子。该机构会定期对全国的学校进行全面且细致的评估。评估包括教师的教学质量、学生的学习效果、学校领导的管理，以及学校对学生的保障和支持等。学校可以通过这样的评估，获取关于自身办学的全面反馈。

当 Ofsted 的评估报告出炉后，学校可以利用这些反馈信息，对教学方法进行优化，对资源配置进行调整，甚至对学校政策进行改革。这样，学校就有可能在短期内显著提升自身的教学质量，并在长期中不断完善自身的教学实践，以满足学生和社会的需求。

通过上述分析，我们可以看出，教育评估在提升学校教学质量方面具有举足轻重的作用。它既能够帮助学校了解自身的办学现状，也能够指导学校进行必要的改革和提升。因此，学校应当积极利用教育评估，推动自身的发展，以更好地服务学生和社会。

优化资源配置

教育评估数据是学校合理配置教育资源的重要依据。评估数据包括学生的学习成果、学习习惯、兴趣爱好等。学校可以根据评估数据来优化课程设置、调整教学内容，以更好地满足学生的学习需求。

除了优化课程设置，教育评估数据还可以帮助学校调整师资力量。根据评估结果，学校可以了解到教师在教学中的优势和劣势，从而为教师提供具有针对性的专业发展机会，提升教师的教学能力。

澳大利亚的一些学校成功地运用教育评估数据来优化资源配置。这些学校通过分析评估结果，发现了学生的学习需求，然后对课程设置进行调整，以更好地满足学生需求。这种基于评估结果的资源配置方式，不仅提升了教师的教学效果，也进一步提升了学生的学习效果。

从社会角度：教育评估对实现社会公平的贡献

公平竞争

从社会宏观层面看，我们可以发现，教育评估在实现社会公平，尤其是教育公平方面具有重要作用。

教育评估能够为确保不同地区、学校和个体之间的公平竞争提供数据支持。这些评估数据可以帮助我们了解不同区域学校和学生的教育状况，从而确保学生都有公平的教育机会和竞争条件。

PISA 是由经济合作与发展组织（Organization for Economic Co-operation and Development，OECD）主导的一个国际性评估项目，其主要目的是评估各成员国 15 岁学生的阅读能力、数学能力和科学能力。通过对各国教育水平的评估，PISA 为全球范围内的教育公平竞争提供了重要的数据依据。

PISA 的评估结果不仅可以反映各国学生的学习成绩，还能揭示教育公平程度和教学质量之间的关系。基于这些数据，我们可以找出教育不平衡的原因，如资源分配不均、教育机会不平等。进一步地，这也能推动各国政府和教育机构采取相应的政策措施，如加大对教育的投入、优化教育资源配置等，以提升教育水平，实现更大程度的教育公平。

总体来说，教育评估在促进社会公平，特别是教育公平方面具有重要作用。通过国际和国内的教育评估，我们可以深入了解教育公平的现状和挑战，从而采取有效的策略和行动，推动教育公平的实现。

社会监督作用

社会监督在确保教育评估的公正和公平方面具有重要作用。教育评估的透明度（即评估数据、评估方法和评估结果的公开性）对于实现教育公平至关重要。

　　教育评估的透明度使得社会公众有可能参与到教育的监督中，进一步推动教育公平的实现。对于公众来说，直观地了解评估过程、知道评估是如何进行的，有助于加强对教育的责任感、提升参与度。

　　随着信息化的推进，高考评估系统正在逐渐实现透明化。通过公开试卷评分标准以及录取过程，社会公众可以更加直观、全面地了解高考评估过程，从而提高教育评估公信力。

　　总体而言，教育评估透明是推动社会公众参与教育监督、提升教育公平的重要手段。通过提升评估的透明度，我们可以进一步提高教育评估的公信力和影响力，推动教育公平的实现。

　　从学生、教师、学校和社会角度来看，教育评估对于提高学生的学习效果、促进教师的专业发展、提升学校的教学质量以及实现社会公平具有重要意义。通过具体案例和相关数据，我们可以看到教育评估在各个层面发挥着积极作用。因此，我们应重视教育评估，不断完善评估体系，以期为每个学生提供更优质的教育。

　　在未来，随着技术的发展和教育理念的创新，教育评估将更加个性化、多元化和精细化，以满足学生、教师、学校和社会的需求。我们应该继续关注教育评估的发展趋势，学习并借鉴国际上的成功经验，不断提高教育评估的科学性、有效性和公平性，为构建更加公平、高质量的教育体系做出贡献。

对家长说的话

亲爱的家长们：

希望你能花一些时间阅读这篇关于教育评估的文章，因为它影响着我们的孩子，我们的教师，我们的学校，甚至我们的社会。教育评估有着深远的影响，它帮助我们理解并优化教育体系，为我们的孩子提供更好的教育环境。

你可能认为教育评估应该由学校和教育机构来做。然而，作为家长，你的反馈和参与对于形成有效的教育评估至关重要。

首先，你可以在教育评估过程中为你的孩子提供必要的支持。你可以了解评估内容和评估目标，帮助孩子正确理解这个过程。这不仅是一个了解他们学习效果的机会，更是一个提升他们学习能力和技能的机会。你对评估的积极态度将让孩子从中获益。

其次，你的观察和反馈对于评估结果的解读非常重要。例如，你可能发现，你的孩子在数学测试中得分较低，但他在解决实际问题时表现出色，这种观察能够帮助教师和学校更全面地了解你的孩子，为他们提供更好的学习支持。

最后，你也可以通过参与学校和社区活动，了解教育评估过程。这可能包括参加家长—教师会议，了解评估进程和结果，或者参加社区教育论坛，了解和讨论教育问题。这样做不仅可以加深你对教育评估的理解，还可以帮助你更好地了解你的孩子，并为改进我们的教育体系做出贡献。

综上所述，家长在教育评估中的作用是无法忽视的。请记住，我们的目标是共同为我们的孩子提供更好的教育环境。

● **扩展阅读**

1. Why Is Assessment Important?

　　这篇文章讨论了评估在教学过程中的重要性，以及评估对于教育目标和标准制度的实现的影响。文章还提出了一些评估的最佳实践，包括提供诊断性反馈、帮助教育者设定标准、关联学生的进步和激励表现等。

2. The past，present and future of educational assessment: A transdisciplinary perspective

　　这篇文章回顾了教育评估的发展历史。文章指出，教育评估需要结合心理学、文化学、语境等因素，以及统计学和技术等工具，以更好地理解学习过程和结果。

3. The Importance of Educational Assessment: Tools and Techniques for Assessing Your Students

　　这篇文章介绍了一种学习评估技术。它可以帮助教师确定重要的学习目标，有效地实施有助于实现这些目标的学习活动，以及分析和报告已经达到的学习效果。文章还给出了一些具体的例子和实现步骤，说明如何使用这种方法进行教育评估。

4. Student Assessment in Teaching and Learning

　　这篇文章强调了学生评估在教与学过程中的关键作用。文章指出，教师应该有意识地选择评估方法，以便有效地衡量学生在课堂上对讲课内容的理解程度。文章还介绍了一些常见的评估类型，如形成性评估、总结性评估、正式评估和非正式评估等，并给出了一些相关的资源和建议。

● **思考问题**

1. 如何将教育评估更好地应用于学生的个性化教育？请结合文章中提到的案例，讨论不同的评估方法在个性化教育中的作用。
2. 在教师专业发展方面，教育评估如何促进教师成长？请分析文章中提到的新加坡教师参加教育评估培训的做法，并探讨其他可能的促进教师专业发展的途径。
3. 如何利用教育评估来优化学校资源配置，提高教学质量？结合澳大利亚学校调整课程设置的例子，探讨其他可能的优化资源配置方案。

第二节　教育评估中的不可能三角

在教育评估领域，我们面临一个棘手的难题，那就是如何在准确、简便和成本低之间找到最佳平衡。这可以被看作教育评估的不可能三角[⊖]，因为尽管我们尝试追求三者的完美结合，但通常只能实现其中两个，而第三个往往难以达成。

准确

准确是教育评估的核心，因为它直接影响评估结果的有效性。例如，标准化考试可以量化学生的学习能力，但往往难以全面反映学生的

　⊖ 本章所提及的不可能三角概念实际上来自国际经济学。在这个领域中，不可能三角（又称"三角难题"）常用于描述国家货币政策制定的困境。不可能三角理论指出，国家在制定货币政策时，无法同时实现 3 个目标：货币政策独立、汇率固定以及资本自由流动。

其他能力，如创新能力和批判性思考能力。如果想要获取更准确的评估结果，我们需要制定更多的评估标准和规则，这无疑增加了评估的复杂度和成本。

简便

简便指的是评估过程应尽可能简捷，以减轻教师和学生的负担。例如，选择题的考试方式虽然简捷，但是无法全面评估学生的实际能力。同样，虽然标准化的测试能减轻教师的工作负担，但如果过于复杂，可能导致学生和教师难以理解和操作，从而影响评估结果的准确性。

成本低

成本在教育评估中也是重要考虑因素。一对一辅导和面试等评估方式可能获得针对性反馈，提升了评估准确性，但由于资源有限，需要投入大量人力和物力，成本显著增加。

教育评估中的不可能三角分析如表 6-1 所示。

表 6-1　教育评估中的不可能三角分析

达成的目标	受影响的目标	例子
准确、简便	成本低	标准化考试可能无法全面评估创新能力和批判性思考能力，但成本较低
准确、成本低	简便	设计复杂的评估标准和规则可能增加学生和教师的负担
简便、成本低	准确	采用简单的评估方法（如选择题），无法全面评估学生的实际能力

这就是教育评估中的不可能三角。尽管我们无法找到一个能够完全

实现 3 个目标的评估方法，但我们可以不断寻求最佳平衡点，以提供公正而有效的教育评估结果。记住，我们的目标并非找到一种完美的评估方法，而是要找到一种在具体情境下，能够最大限度满足学生、教师和社会期待的评估方法。

对家长说的话

亲爱的家长们：

我想通过本节内容与你分享一个被称为"不可能三角"的教育评估难题。在家庭教育环境中，我们都希望能够做到准确、简便和成本低，但我们通常会发现只能在这三者中找到两者的平衡。

首先，准确对家庭教育至关重要。我们都想确切了解孩子的学习状态、兴趣点和潜在挑战。但是，要得到准确的评估结果，我们需要仔细观察，深入了解孩子，花费大量时间和精力。例如，孩子完成家庭作业的能力可能会被我们准确评估，但是其他重要能力，如团队合作、创新思维或者自我管理能力等，可能就没有那么容易去准确评估。

其次，在忙碌的日常生活中，我们都希望教育和评估过程能够尽可能简单，无论从时间上，还是从操作上。例如，我们可能更喜欢通过快速查看孩子的作业分数来评估他们的学习表现，而不是进行复杂的一对一讨论或评估他们的社交技巧。然而，过于简单的评估方法可能会导致我们忽视孩子的全面发展。

最后，家庭教育不仅涉及金钱投入，还有时间、精力和心力。例如，一对一辅导可能会获得详细的反馈并提升评估的准确性，但需要大量时间和精力。对于许多家庭来说，这可能是一项艰巨的任务。

这就是我们所说的"不可能三角":在家庭教育中,要同时达到准确、简便、成本低往往是一个难题。在追求其中两者时,第三者通常会受到影响。然而,我们不必被这个难题所困扰。关键在于,我们需要明白并接受,没有一种方法能够完美地满足所有需求。

我们需要理解,教育评估并非一成不变的,它需要根据孩子的需求,我们的能力和资源,以及当前的家庭环境进行调整。我们要不断寻找最佳平衡点,找出对家庭教育最合适的方法。

请记住,你在家庭教育中做的每一件事都是重要的。每一次的努力,无论多小,都在向孩子传递你对他们的关心和支持。

● **扩展阅读**

1. Future of Testing in Education: Artificial Intelligence

这篇文章探讨了 AI 在教育评估中的应用和前景,特别是在诊断性评估和形成性评估方面。文章指出,AI 可以提供更多的实时反馈,帮助教师改进教学,帮助学生提升学习。文章还提出了一些政策建议,如增加评估研发的投资、支持创新的评估设计和实践等。

2. The Impossible Trinity

这篇文章介绍了不可能三角的概念,即在开放的资本账户下,中央银行不能同时实现金融一体化、汇率稳定和货币自主 3 个政策目标。文章分析了不可能三角在宏观经济学中的应用和意义,以及各国在面对不可能三角时所做的权衡和选择。

● 思考问题

1. 在实施 AI 教育评估时，如何平衡技术创新与教育理念的均衡发展？
2. 未来的教育评估将如何整合 AI 技术与传统评估方式，打造更高效、公平的评估体系？
3. 在追求教育评估准确、简便和成本低平衡的过程中，如何保持对学生个性和特长的尊重与关注？

第三节　AI 如何打破教育评估中的不可能三角

AI 是有可能打破上一节所提及的教育评估中的不可能三角的。具体来说，AI 有希望同时做到提高评估准确度、简化评估流程和降低评估成本。教育评估中的不可能三角问题从无解迈向了有解。

提高评估准确度

AI 通过学习大量数据，能自动生成有针对性的试题，从而更准确地评估学生的知识水平。此外，它还能根据学生的实际表现，自动调整试题难易程度，确保评估结果更加真实。例如，在美国某高校的数学课程评估中，利用 AI 自动生成的试题已经取得比传统评估方法更高的评估准确度。

值得注意的是，由于 AI 评估时并没有额外冗余的流程，也没有大幅度提高各项成本，所以我们可以认为，AI 在提高评估准确度的同时，没有提高流程复杂度、增加成本。这对于前文所提及的不可能三角是一种打破。传统评估与 AI 评估准确度的差异如表 6-2 所示。

表 6-2　传统评估与 AI 评估准确度的差异

对比项	传统评估	AI 评估
优点	评估内容熟悉，易于理解	自动生成有针对性的试题，评估更全面
缺点	难以全面评估学生能力，试题可能存在主观性	可能受限于 AI 训练数据的质量和数量
效果	可能无法准确反映学生真实能力	能更准确地评估学生的知识水平，自动调整试题难易程度，以准确反映学生真实能力

简化评估流程

AI 可以显著简化教育评估流程。借助这一技术，教师可以快速生成个性化试题，快速完成评估，节省时间。在一些在线教育平台中，AI 已经成功地实现了批量生成试题和自动评分，极大地减轻了教师的工作负担。

值得注意的是，这种教育评估流程的构建，并不是传统意义上简单地缩减教育评估项目，因此并不会降低教育评估准确度，而且也没有提高成本。传统评估与 AI 评估流程对比如表 6-3 所示。

表 6-3　传统评估与 AI 评估流程对比

对比项	传统评估流程	AI 评估流程
试题准备	手动设计试题，耗时耗力	自动生成个性化试题，节省时间
试卷批改	人工批改试卷，易出现主观误差	自动批改试卷，减少人为差错
反馈及调整	反馈周期长，调整过程烦琐	可实时反馈学生表现，根据学生实际情况自动调整试题难易程度

降低评估成本

利用 AI，教育评估的成本大幅降低，因为无须聘请大量评估专家，也无须购买昂贵的评估软件，AI 可以提供智能化、高效的评估服务。AI 可以自动分析学生的答卷，提供详尽的评估报告，减少人工审核工作，从而实现更高质量的评估，同时大幅降低成本。

我们可以注意到，成本降低是与技术进步带来的人力替代相关的，并不是简单地用效果更糟且成本更低的评估方法，因此在这个过程中，教育评估的准确性与简便性都得到了保证。传统评估与 AI 评估成本和效益的对比如表 6-4 所示。

表 6-4　传统评估与 AI 评估成本和效益的对比

对比项	传统评估	AI 评估
人力成本	需要聘请大量评估专家，人力成本高	自动生成试题及评分，减少对专家的依赖，降低人力成本
软件成本	可能需要购买昂贵的评估软件和系统	自动生成试题及评分，无须购买昂贵的评估软件
效益	较高的成本可能导致资源分配不均，影响教育公平	降低成本，使更多学校和教育机构能够负担得起高质量的教育评估服务，推动教育公平

AI 为教育评估带来了创新和突破，使得准确、简便和成本低三者之间的平衡成为可能。我们应该保持开放的心态，积极拥抱新技术，同时关注并应对潜在风险，以实现教育评估的持续进步，为教育事业的发展贡献力量。

对家长说的话

亲爱的家长们：

通过本节内容的阐述，我想你已经意识到，AI 正在改变家庭教育环境。AI 系统基于大数据和机器学习技术，可以自动生成针对性的评估试题、简化评估流程、降低评估成本，从而实现教育评估准确、简便和成本低的平衡。

首先，AI提高了评估准确度。它通过分析大量数据，自动生成有针对性的试题，使评估更具针对性和深度。例如，一个学生在数学中可能非常善于解决代数问题，但在几何问题上有所挑战。AI能够识别出这些特点，并生成相关试题以准确评估学生的能力。同时，AI还能根据学生的答题情况，自动调整试题难易程度，确保评估结果能准确反映学生的实际水平。这样的技术可以帮助我们更深入、更全面地了解孩子的学习情况。

其次，AI显著简化了教育评估流程。有了AI，家长可以在家里方便、快捷地进行教育评估，无须耗费大量时间和精力设计试题、批改作业。此外，AI还可以自动给出反馈，根据学生的表现自动调整试题难度，省去了家长反复调整教学策略的麻烦。

最后，AI大大降低了教育评估成本。在传统的教育评估中，家长可能需要花费大量时间和精力，或者聘请专业的辅导老师，或者购买昂贵的教育软件。然而，AI能够提供智能化、高效的评估服务，减少了对专业人士的依赖，从而降低了成本。

家长们，这不仅仅是一种技术上的突破，更是一种教育理念的革新。AI为我们打开了一扇全新的大门，让我们看到了在家庭教育中，准确、简便、成本低同时实现的可能。让我们拥抱这种新的可能性，为我们的孩子提供更好的学习环境，也为我们自己减轻负担。这是我们为了孩子的未来，一起走在探索和尝试的道路上的又一步。

● **扩展阅读**

1. 10 Best AI Tools for Education

这篇文章介绍了 10 个最佳的 AI 教育工具。这些工具展示了 AI 在教育领域的巨大潜力和价值。它们不会取代教师，而是让教师能够更专注于教育本质。它们也能让学习变得更有趣、更有意义。

2. Future of Testing in Education: Artificial Intelligence

这篇文章介绍了 AI 如何改变教学和学习方式，提高教学质量和效率。文章主要讨论了 AI 在诊断和形成性评估方面的应用。这些评估可以给教师提供实时指导，帮助学生掌握课程内容。文章还介绍了一些 AI 评估的新发展，例如隐形评估，它可以减轻学生对评估的压力，让评估无处不在和有用。

3. AI Will Transform Teaching and Learning. Let's Get it Right.

这篇文章总结了斯坦福大学举办的"AI+ 教育"会议上的讨论主题，包括自然语言处理在教育中的应用、提高学生的 AI 素养、协助有学习困难的学生、促进创造力、实现公平和缩小成绩差距等。

● **思考问题**

1. AI 在教育领域的其他应用还有哪些？

2. 面对 AI 的普及，传统教育评估方法应如何转型？

3. AI 在教育评估中存在哪些潜在风险与挑战，我们应如何应对？

教育是一个国家的灵魂，一个时代的明灯。

——维克多·雨果

Artificial Intelligence, AI

CHAPTER 7
第七章

AI 时代的教育

在这个日新月异的时代，AI 正不断改变我们的生活方式，其中教育领域同样受到了很大影响。本章重点关注 AI 在不同教育阶段（包括初等教育、中等教育、高等教育、职业培训和终生教育）所带来的影响。

让我们一起研究 AI 在教育领域的应用，探讨如何借助这一技术为现代教育带来更多的机遇，共同为教育的发展点亮明灯。

第一节　对初等教育的影响

初等教育是一个至关重要的阶段，它为学生的发展奠定了坚实的基础。就像著名教育家苏霍姆林斯基所说：教育的种子在今天撒下，在明天收获。那么，AI 如何在初等教育阶段撒下智慧的种子，引领学生迈向一个全新的篇章呢？

实现个性化学习

AI 可以根据每个学生的学习能力和兴趣，为他们提供个性化的学习资源和教育方案。这使得学生可以在舒适的学习环境中发掘自己的潜力，享受到量身定制的教育。正如美国教育家约翰·杜威所说：教育不是灌输知识，而是引导发现。AI 正是在这个方向上发挥作用，助力学生初等教育阶段的个性化发展。

在个性化学习方面，某些教育机构已经开始尝试使用 AI 来设计针对每个学生的定制化课程。例如，美国的一所小学通过 AI 技术追踪每个学生的学习进度，并提供实时反馈，让教师和家长都能更好地了解学生的学习情况，从而提供更有针对性的支持。

提高教学质量

AI 可以为教师提供智能化的教学辅助工具，协助教师设计富有创意的课程、活动和习题，从而提高教学质量。同时，AI 还能分析学生的学习数据，帮助教师了解学生的学习进度和问题，进而进行针对性的辅导。正如英国诗人亚历山大·波普所说：教育的真正目的是让我们更加善于思考。AI 正是在这个方向上发挥作用，提高初等教育阶段的教学质量。

例如，加拿大的一所小学使用 AI 来协助教师设计富有挑战性的数学问题。AI 分析了学生的解题能力和偏好，然后生成一套专门针对这些学生的问题集。这种定制化的教学方法使学生更愿意参与到学习中，提高了他们的学习效果。

优化资源分配

AI 正积极地参与并优化教育资源的分配，特别在初等教育阶段，它的应用显得尤其重要。由于各地区的经济水平存在较大差异，教育资源存在分配不均的情况。而 AI 能够根据各地区的实际教育需求和已有资源进行智能化分配，以达到最大化利用教育资源的目的。

以在线教学支持为例，一些地区缺乏优质教师，AI 可以提供相应的在线教学支持，为这些地区的学生提供优质教育资源，例如，可以推送适合学生学习水平的在线课程，也可以根据学生的学习情况提供有针对性的辅导，帮助他们攻克学习难题。通过这种方式，教育资源匮乏的地区的学生也能享受到优质的教学服务，得到更多的学习机会。

此外，AI 还可以有效整合和利用社会资源，进行教育公益项目的策划，例如，通过数据分析，确定需要援助的学校或地区，然后联合社会各界力量，策划教育公益活动，让更多的学生受益。

如美国作家赫尔曼·梅尔维尔所言：我们学到的每一件事都是一盏明灯，照亮通往更多真理的道路。这正是 AI 在优化资源分配中发挥的作用，点亮了在教育资源匮乏地区的学生求知的明灯，帮助他们获得公平而优质的教育，让他们拥有更多的可能性和更好的未来。

激发学生的创造力和想象力

AI 可以给初等教育阶段的学生带来新颖、有趣的学习方法，激发学生的创造力和想象力。例如，AI 可以帮助学生创作独一无二的故事、绘画和音乐作品，让学生在学习中感受到无限的乐趣。如著名教育家玛丽亚·蒙台梭利所说：学习应当是愉悦的。AI 正是在这个方向上发挥作用，让初等教育更加充满想象和创造力。

让我们来看一个关于 AI 激发学生创造力的故事，在日本的一所小学，教师使用 AI 来协助学生创作独特的故事。首先，学生向 AI 提供一些关键词；然后，AI 根据这些关键词生成一个故事大纲，学生在故事大纲基础上发挥想象，完善这个故事；最后，学生分享故事，互相学习。这种教学方式使得学生的创造力得到极大激发，同时让他们对学习充满热情。

AI 给初等教育带来诸多改变。通过实现个性化学习、提高教学质量、优化资源分配以及激发学生创造力和想象力等，AI 正成为初等教育发展的重要驱动力。正如英国诗人威廉·巴特勒·叶芝所说：教育不是灌满水桶，而是点燃火焰。AI 正是这样一把火焰，点亮了初等教育的未来。传统初等教育与 AI 辅助的初等教育对比如表 7-1 所示。

表 7-1　传统初等教育与 AI 辅助的初等教育对比

传统初等教育	AI 辅助的初等教育
教学内容固定	个性化学习，针对每个学生的需求进行调整
教师资源有限	AI 辅助教学，提高教学质量
地区教育资源分配不均	优化资源分配，让更多学生受益
教学方法传统	激发学生创造力和想象力，提供丰富多彩的学习体验

表 7-1 对比了传统初等教育和 AI 辅助的初等教育，显示了后者的优势在于个性化教学、优化资源分配、激发学生创造力与想象力、提供丰富多彩的学习体验。

对家长说的话

亲爱的小学生家长们：

让我们看一下 AI 如何在家庭教育中撒下智慧的种子，为我们的孩子撑起一片充满希望的天空的。

首先，AI 能帮助我们实现个性化教育。比如，如果你的孩子对恐龙无比喜欢，AI 可以利用这个信息，为孩子提供一份针对性的、围绕恐龙主题的学习方案。这种个性化的学习让孩子能够在他们感兴趣的领域深度学习，享受到量身定制的教育。

其次，AI 能提升家庭教育的质量。举个例子，如果你的孩子在学习数学时遇到了难题，AI 就可以为他们提供相应的解答和指导，甚至能够根据孩子的学习情况，生成相应难度的练习题，帮助他们更好地理解和掌握知识点。

再次，AI 在优化资源分配方面也展现出了巨大潜力。在家庭教育中，由于资源有限，孩子可能无法获得大量昂贵的实验设备或生物实地考察的机会。AI 可以在这种情况下发挥关键作用，提供具有实践性的生物学学习资源。例如，AI 可以推荐虚拟实验室软件，让孩子在家中进行各种生物实验，并观察实验结果。此外，AI 还可以推荐在线生物学课程或科普视频，让孩子在家中接触到丰富的生物学知识和案例。通过这些资源，孩子可以深入了解动植物的生态环境、遗传变异、细胞结构等生物学领域的重要知识，而无须额外购买教材。

最后，AI 还能激发孩子的创造力和想象力。例如，如果你的孩子喜欢绘画，AI 可以推荐一些绘画教程，并在孩子完成画作后提供一些专业的点评和建议，促进孩子创新能力的培养。

AI 正逐渐改变我们家庭教育的方式，它撒下的种子，有望在未来开出希望的花朵。作为家长，我们需要深入了解和充分利用这种新技术，让我们的孩子在快乐中学习，在学习中成长。

● 扩展阅读

1. Artificial intelligence in education

这篇文章是联合国教科文组织发布的，概述了 AI 在教育中的机会和挑战，并提出了一些指导政策制定者的建议，以确保 AI 在教育领域的应用符合包容和公平的核心原则。文章内容涵盖从幼儿园到大学的各个教育阶段，包括初等教育。

2. Generative AI: Education In The Age Of Innovation

这篇文章介绍了 AI 在教育领域的潜在应用，如生成评估试题、制订个性化学习计划、策划互动学习活动、提供实时反馈和评估等。文章也提到了 AI 在初等教育中的作用，如帮助学生掌握基本技能和知识。

3. Generative AI and the Future of Education: A New Era of Possibility

这篇文章探讨了 AI 如何改变教育的本质和目标，并展望了未来可能出现的一些创新和挑战。文章认为 AI 可以为初等教育提供更多的选择，让学生能够根据自己的兴趣和学习能力进行学习。

● **思考问题**

1. 在 AI 辅助下，教师的角色如何转变？
2. 如何确保 AI 在初等教育中应用不会带来伦理和隐私问题？
3. AI 在初等教育中还有哪些尚未挖掘的潜力和应用场景？

第二节　对中等教育的影响

在上一节中，我们探讨了 AI 在初等教育中如何在提高教学质量、优化资源分配等方面发挥积极作用。然而，AI 的应用并不仅限于初等教育。

中等教育是重要的连接期与变革期，连接着初等教育的通识教育与高等教育的专业化教育，这个阶段的学生个性化需求尤为明显。那么，在 AI 辅助下的中等教育将如何影响学生的发展方向？本文将从不同维度探讨 AI 对中等教育的影响，带你一起领略这个新兴技术所展现的无限可能。

辅助专业选择与职业规划

在中等教育阶段，学生面临专业选择与职业规划的重要决策。AI 可以根据学生的兴趣、潜能和市场需求，提供个性化的专业选择建议和职业发展规划。例如，一些学校已经开始使用 AI 辅助学生进行职业倾向测试，帮助他们规划未来发展方向。如英国哲学家罗素所说：教育的目的是培养独立思考的人，而非顺从的机器。AI 正是在这方面助力中等教育阶段的学生找到适合自己的发展道路。有无 AI 辅助的专业选择与职业规划对比如表 7-2 所示。

表 7-2　有无 AI 辅助的专业选择与职业规划对比

对比项	有 AI 辅助	无 AI 辅助
专业选择	根据学生兴趣、潜能和市场需求，提供个性化的专业建议	学生可能受限于传统观念，听从家长、老师的意见
职业规划	根据个人特点制定个性化的职业发展路径	学生可能难以确定自己的职业方向，容易盲从他人
职业倾向测试	AI 辅助进行职业倾向测试，提供更精确的结果	传统职业倾向测试可能不够精确，无法满足个性化需求
发掘潜能	AI 发现学生潜在的优势和兴趣，推荐相应的职业发展路径	学生可能无法充分发现自己的优势和兴趣
市场需求	AI 根据市场需求提供职业发展建议，提高就业成功率	学生可能对市场需求认识不足，影响就业前景

提升学术研究与创新能力

对于中学生来说，他们正处在学术研究的初级阶段，对于信息的筛选和整理需要更多的指导和帮助。这时，AI 可以提供卓越的辅助。例如，一些教育机构已经利用 AI 开发出智能搜索工具，可以按照学生的具体需求，检索最新、最相关的研究论文，帮助中学生高效地开展学术研究。

而在创新实践方面，AI 同样有很大作用。中学生通常对实际问题的解决缺乏经验和技巧，而 AI 能够生成各种复杂的问题和场景，促使他们运用所学知识，发挥创新思维，解决实际问题。这不仅锻炼了他们的动手能力，也帮助他们从理论到实践，更好地理解所学知识。

此外，AI 让中学生更方便地了解最新的科技动态和研究趋势，从而激发他们对科技创新的热情。正如美国教育家约翰·杜威所说：教育应当是不断翻新的过程。对于中学生来说，AI 可作为一种全新的学习工具，帮助他们在学术研究和创新实践中不断进行自我翻新和提高。

总体来说，针对中学生这一群体，AI 在提升学术研究与创新能力方面具有极大的潜力和应用价值。随着技术的不断发展，我们期待看到 AI 在中等教育阶段的更多应用，为中学生的成长提供更多支持和帮助。

提供个性化教学与评估

在 AI 辅助下，中等教育阶段的学生可以享受到高度个性化的教学与评估体验。该技术的关键在于，它能够深度分析学生的学习进度、理解程度、技能水平和个人特质，然后根据这些信息提供定制化的学习资源和教学方案。通过这样的方式，每位学生的独特需求都能被明确识别和满足，从而显著提升学习效果。

同时，AI 在个性化评估方面具有显著优势。它不仅可以根据每位学生的学习表现、进度和个人能力进行个性化评估，还可以将评估结果直接反馈给教师和学生。这种即时的、个性化的评估反馈可以使教师及时调整教学策略，使学生更好地了解自己的学习状况，帮助他们制订适合自己的学习计划。由此，通过 AI 辅助，学生的学习效果可以得到显著提升，这也从另一角度展现了 AI 在教育评估领域的强大潜力。

提高教师工作效率与教学质量

AI 在中等教育阶段展现出独特的优势，能够作为教师的得力助手，协助教师完成许多烦琐但必要的日常工作。这些工作包括但不限于课程设计、作业批改、学生行为和学习进度管理等。通过将这些常规任务的处理效率大大提升，AI 有效减轻了教师的工作负担，以便教师更加专注于他们最重要的工作——教学。他们可以将更多的时间和精力投入到与学生的互动、教学内容的创新和教学方法的优化等关键环节。这样的改变无疑将提高教学效率，进一步提升教学质量。此外，AI 还可作为一种新的反思工具，使教师能够更深入地分析自己的教学实践，从而及时调整教学策略。这种基于数据的反思和调整，有助于教师更好地满足中等教育阶段学生的多元化需求，从而持续提升教学效果。这也进一步展示了 AI 在教育领域的广阔应用前景和强大潜力。

综上所述，AI 在中等教育阶段具有广泛的应用前景，可以在专业选择、职业规划、学术研究、个性化教学与评估、提高教师工作效率等方面发挥重要作用。然而，在实际应用中，我们需要关注数据隐私、技术依赖和教育资源不均衡等挑战，并积极寻求解决方案，以确保 AI 能够为中等教育阶段的学生提供更优质、更公平的教育资源。

未来，随着 AI 技术的不断发展，我们有理由相信它将在中等教育阶段发挥更大的作用，助力学生实现个性化发展和全面成长。我们期待着 AI 在中等教育阶段所展现出的无限可能，为每一个学生创造更美好的未来。

对家长说的话

亲爱的中学生家长们：

我们知道，在孩子的中学阶段，他们开始面临更复杂的挑战，形成独立的观点，他们的情绪和社交关系也变得更加复杂，同时面临的学习压力也在不断增加。我们通过一些具体的例子来说明 AI 如何帮助我们应对这些挑战。

- **帮助孩子做出职业规划**：例如，你的孩子对生物学和电子工程都有浓厚的兴趣，但他无法确定应该选择哪个作为未来的专业方向。在这种情况下，AI 可以根据他的兴趣、学习成绩、市场需求等多方面因素，为他提供专业选择建议。AI 也可以根据这些数据，预测不同选择可能带来的职业发展路径，帮助孩子做出更明智的决定。

- **提高孩子的信息处理和研究能力**：假设你的孩子正在进行一个关于环保问题的小研究。AI 可以根据他的项目主题，快速检索最新的、与环保主题相关的新闻报道、文章和其他可靠的信息来源，为他提供最新、最相关的资料。此外，AI 还可以通过自动提取文章的主要观点和信息，帮助孩子有效地理解和吸收信息。这将帮助他们提高信息筛选和处理能力。

- **培养孩子的创新思维**：例如，孩子在科学课上需要解决一个复杂的问题，比如设计一座能源使用效率高的房子。在这种情况下，AI 可以提供多种可能的解决方案，并解释每个方案的优缺点，从而培养孩子的创新思维，帮助他们找到最佳解决方案。

- **个性化教学和评估**：假设你的孩子在数学上遇到了困难，但他在课堂上由于害羞或者其他原因，不愿意向老师寻求帮助。这时，你可以通过个性化的在线教育工具识别孩子的弱点，为他提供定制化的学习资源，如视频教程、习题等，以帮助他克服困难。此外，你还可以利用 AI 定期进行评估，以确保孩子掌握所学的知识。

- **提高孩子的情绪管理能力**：在中学阶段，孩子的情绪波动可能会加大。他们会有压力、焦虑或沮丧的感觉。在这种情况下，AI 可以提供情绪管理策略。例如，AI 可以通过交互式程序，帮助孩子认识和理解自己的情绪，并提供一些有效的应对策略，如深呼吸、放松训练等。

这些只是 AI 在中学教育中的一些应用例子，而其潜力和可能性远远不止这些。剩下的还需要我们在具体的教育实践中具体发掘。

● 扩展阅读

1. Secondary education

这篇文章概述了中等教育的定义和特点，并比较了法国、德国、英国和美国等国家的中等教育制度和课程。

2. Artificial intelligence in education

这篇文章是联合国教科文组织发布的，概述了 AI 在教育中的机会和挑战，并提出了一些指导政策制定者的建议，以确保 AI 在教育环境中的应用符合包容和公平的核心原则。文章涵盖从幼儿园到大学的各个阶段教育，包括中等教育。

● **思考问题**

1. 如何平衡 AI 在中等教育中的应用和伦理道德风险？
2. 面对 AI 带来的教育变革，学校和教师如何应对？
3. 如何确保 AI 能惠及更多地区的中等教育阶段的学生？

第三节　对高等教育的影响

在当今时代，高等教育体系面临着巨大挑战，诸如教育资源分配不均、学生个性化需求难以满足等。如何更好地应用 AI 教学工具于学生专业能力培养成为一个重要话题。那么，在 AI 时代，学生应该如何学习和对待大学生活？ AI 作为科技的新锐力量，正在以不可思议的速度渗透进高等教育体系。接下来，本节将探讨 AI 对高等教育的影响。

提供个性化教学

在初等教育和中等教育阶段，AI 已经表现出个性化教学的潜力。高等教育作为知识学习深度和学习广度都相当高的阶段，更加需要借助 AI 的力量，为每位学生量身定制课程，以最大限度激发他们的学习兴趣，同时充分发挥他们的潜力。我们可以找到针对专业需求提供定制化教学的案例。例如，在法律专业中，AI 能够根据每位学生的兴趣、学术背景以及专业需求，提供个性化的案例分析和实践操作指导。比如，对于一位对刑法特别感兴趣的学生，AI 可能会推荐一些经典的刑法案例，并进行深入分析，同时会提供相应的模拟法庭演练，以增强他们的实践操作能力。在会计专业中，AI 同样能根据学生的基础知识、实际操作能力以及职业规划，为他们量身定制一些如财务报表分析、税收规划等课程。例如，对于一位希望从事税务规划工作的学生，AI 可能会推荐一些最新的税法规定，帮助他理解税务规划的关键点，并提供一些实际的税务规划案例，使他们在实际操作中学习和进步。

正如美国教育家约翰·杜威所说：教育不是灌输知识，而是激发兴趣。在高等教育阶段，AI 的这种个性化教学能力，正好符合这一教育理念。它既能够激发学生的学习兴趣，又能挖掘他们学术和职业潜能，从而实现个人成长。

优化课程设计与评估

在高等教育阶段，我们面临的挑战不仅仅是教育本身的复杂性，还包括学生群体的差异性和多样性。这个阶段的学生通常已经明确自己的专业方向和兴趣，因此对教育的需求也更加具体和有深度。AI 正好能够满足这一需求，通过分析学生的学习进度和需求，帮助教师和学校更精准地评估课程质量和教学效果，从而优化课程设计，提升教学质量。

让我们来看一个优化研究型课程的示例。研究方法课程在高等教育中通常是面向博士生或研究生的一门重要课程。这门课程旨在教授学生研究的基本原则、方法和技巧，以帮助他们在未来进行独立的学术研究。研究方法课程的目标是培养学生科学的研究思维，学会合理设计和执行研究计划，并准确分析和解释研究结果。

在研究方法课程中，通过 AI 的数据分析和学习过程监测，教师可以了解每位学生在研究方法上的理解和掌握程度。AI 可以跟踪学生在课程中的作业完成表现、答题情况和学习进度，进而评估他们对不同研究方法的理解和应用水平。

同时，AI 还可以发现学生在研究方法方面存在的共同问题。如果 AI 分析显示，学生在研究设计或数据分析等方面普遍存在困难，教师可以根据这些数据调整教学策略，加强这些难点内容的讲解和练习。AI 还可以推荐相关的学习资源，如参考书籍、研究论文或在线教学视频，以帮助学生更好地理解和掌握研究方法。

通过 AI 的支持，教师可以更加精准地满足学生的学习需求，提供个性化的指导和帮助，让每位学生在研究方法课程中都能得到最大收获。这种个性化的学习体验有助于提高学生的学习积极性和成绩，培养他们成为优秀的研究者和学者。

此外，AI 还可以帮助学校优化跨学科的课程设计。在高等教育中，跨学科研究和学习越来越重要。AI 可以协助学校分析不同学科间的知识链接，帮助设计结合多个学科的课程，例如，整合计算机科学和生物学的知识，设计出生物信息学的课程。这样不仅能够提升学生的跨学科知识水平和技能，也有助于培养他们的创新思维和解决问题的能力。

在高等教育阶段，AI 的应用正在不断深化和拓展，从优化课程设计和评估，到促进跨学科研究和创新，都展示出强大的潜力和价值。借助 AI，我们能够更好地满足高等教育阶段学生的需求，提升教学质量，为社会培养出更优秀的人才。

智能辅导与评估

在辅导与评估方面，AI 能够在大数据和机器学习的支持下，以个性化、精准化的方式进行作业批改和学生学术表现的评估，并根据每个学生的特点和需求，提供针对性的建议和指导。

具体来说，在高等教育的写作课程中，AI 已经得到广泛应用。例如，借助 AI，教师可以深度分析学生的写作风格、内容和结构。同时，AI 还能够基于海量语料库，对学生的写作进行深度学习和模式识别，从而发现学生在写作中的问题和缺陷，并给出有针对性的改进建议。这不仅能够帮助学生提高写作水平，还能极大地提高教师的教学效率。

此外，AI 还在学习进度监控和实时反馈方面发挥了巨大作用。以高等数学课程为例，教师可以使用 AI，实时追踪学生的学习进度，评估他们在每个主题或概念上的理解和掌握程度，然后根据这些信息，为学生提供个性化的学习建议，如需要重点复习的内容、需要进一步研究的问题等。这种实时反馈和个性化建议不仅能够帮助学生更有效地学习，也能让教师及时了解学生的学习状况，更好地指导教学。

虚拟实验室与模拟环境

利用 AI 为学生提供虚拟实验室和模拟环境的教学已经取得显著效果，特别是在需要大量实践操作的专业中。

以建筑学专业为例，传统的实践操作往往需要大量资源投入，包括建筑材料、工程设备，甚至包括大规模实验场地。然而，借助 AI，我们可以为学生创建逼真的三维建筑模型和模拟环境，让学生在模拟环境中进行各种建筑设计和施工操作实践。学生可以亲手设计和建造自己的建筑模型，亲身体验和掌握建筑设计和施工全过程。

再比如，在医学专业中，AI 可用于创建复杂的人体模型和疾病模拟环境，为学生提供虚拟的手术环境。学生可以在模拟环境中进行手术操作实践，了解并掌握手术的各个步骤和技巧。这不仅大大降低了对真实病人做手术的风险，也为学生提供了实践机会，帮助他们更快地掌握和精进手术技艺。

　　AI 在虚拟实验室和模拟环境方面的应用，不仅节省了大量教学资源，也为学生提供了更多实践机会，使他们能够在安全、逼真的环境中进行学习和实践。这样的创新教学方式充分展示了 AI 在高等教育中的巨大价值和潜力。随着 AI 技术的进一步发展，我们有理由期待，在未来的高等教育阶段，AI 将会发挥更大的作用，提供更丰富、更有效的教学方式。

拓展学术研究领域

　　通过强大的分析和生成能力，AI 可以帮助研究人员从全新的角度进行研究，并以更高效的方式处理和分析大量数据。

　　例如，在社会学研究领域，AI 已经开始发挥重要作用。传统的社会学研究通常需要对大量的社会调查数据进行人工分析和整理，这既耗时又容易出错。然而，利用 AI，我们可以自动化这个过程，快速且准确地处理大量数据，甚至可以挖掘人眼可能忽视的潜在社会现象和趋势。

　　又比如在生物医学研究领域，AI 的应用也显得尤为重要。科研人员需要处理和分析大量基因序列、疾病模型和药物反应数据，这对人力资源的消耗极大。然而，AI 可以帮助他们快速识别信息、预测可能的反应，从而大大提高生物医学研究效率和质量。

　　综上所述，AI 在高等教育阶段的学术研究中展示出巨大的潜力和价值。它为研究人员提供了全新的视角和工具，有效地提高了研究效率和质量，同时丰富了学术研究内容、加深了研究深度。这些都有助于推动相关学科的发展，开辟出全新的研究领域，深化我们对世界的理解。传统的高等教育与 AI 辅助下的高等教育对比如表 7-3 所示。

表 7-3　传统的高等教育与 AI 辅助下的高等教育对比

对比项	传统的高等教育	AI 辅助下的高等教育	实例	对学生的影响	对教师的影响	对学校的影响	对社会的影响
个性化教学	教师通常需要根据个别学生的需求人工调整教学策略、资源和时间	AI 能根据学生的学习进度、兴趣和背景，提供个性化的教学内容	在法律专业领域，AI 提供个性化案例分析	提高了学习兴趣和效率	减轻了教学负担，提高了教学效率	提高了教学质量和学生满意度	促进了教育公平，提高了教学效率
课程设计与评估	教师需要人工设计课程和评估教学效果，且难以实现教育资源的高效整合	AI 可以根据学生的学习数据，更精准地评估教学质量和效果，并进行教育资源的高效整合	在生物医学领域，AI 整合多学科知识	学生得到更全面、更优质的教学内容	为教学设计和评估提供了更多支持	提升了课程设计的科学性和有效性	促进了教育资源的高效利用和学科交叉发展
辅导与评估	教师人工批改作业、评估学生的学术表现，提供反馈	AI 能自动批改作业，评估学生的学术表现，并提供有针对性的反馈	在写作课程中，AI 提出针对性的改进建议	学生收到及时、精准的反馈	减轻了工作负担，提高了工作效率	提高了教学质量和效率	促进了学术公平和科学发展
实验与环境模拟	实验与环境模拟通常需要实际的物理环境和资源	AI 能提供虚拟的实验和模拟环境，提供实践机会	在建筑学专业领域，AI 提供虚拟建筑设计和施工过程模拟	提供了更多、更安全的实践机会	降低了实验的成本和风险	减少了实验资源的投入，提高效率	降低了教育成本，提高了教学效率
学术研究	大量的数据分析和整理工作通常需要教师人工完成，效率较低	AI 能高效地整理和分析大量数据	在社会科学研究领域，AI 协助分析大量社会调查数据	提供了更多的研究资源和机会	提升了研究效率和质量	提高了学术研究影响力和竞争力	促进了学术的发展和社会进步
隐私问题	传统教育模式中，数据隐私问题相对较少	在使用 AI 时，需要特别关注数据隐私问题	收集大量学生信息的 AI 软件往往是黑客的重点关注对象	可能面临数据隐私等问题	需要关注公平教育问题，保护学生隐私	需要对 AI 技术进行合规和伦理道德管理	需要相关政策和法规对 AI 使用进行规范和保障

对家长说的话

亲爱的大学生家长们：

你们的孩子开启了人生重要阶段，这个时期充满了机遇和挑战。由于 AI 正在以不可思议的速度渗透进高等教育体系，大学教育的形式正在经历深刻变革。尽管环境在变，我们作为父母的角色仍然非常关键。我们的理解、支持和引导将对孩子的环境适应和未来发展产生重大影响。

首先，我们需要鼓励孩子自主学习。在大学，孩子需要承担更大的责任，自主地驾驭他们的学习进程。作为家长，我们应鼓励孩子充分利用 AI 资源，根据自身的兴趣和目标进行深度学习。例如，如果孩子对生物医学工程感兴趣，他们可以利用 AI 的帮助，选择跨学科的课程，比如结合计算机科学和生物学的生物信息学课程，这样不仅可以提升他们的跨学科学习技能，还有助于培养他们的创新思维和解决问题的能力。

其次，我们要明白，尽管 AI 对高等教育的影响巨大，但它并不能完全取代人际交往。尽管 AI 能够提供个性化的学习体验，但真正的教育还需要人与人之间的互动。因此，我们要教育孩子珍视与他人的交流，比如，鼓励他们积极参与小组项目，面对面地与教师和同学交流，这样他们能够学习到 AI 无法提供的社会经验。

再次，我们应该鼓励孩子勇于尝试新事物，不怕失败。例如，AI 可以为学生提供虚拟实验室和模拟环境，允许他们自由尝试并从错误中学习，比如医学专业的学生可以在虚拟手术环境进行操作实践。这是在以往的教育环境中难以获得的。

最后，虽然 AI 正在改变传统高等教育的模式，但是我们的角色依然重要。我们的理解、支持和引导可以帮助孩子更好地适应这个新的学习环境，让他们充分发挥潜力，成为真正的终身学习者。

● **扩展阅读**

1. What's next for AI in higher education?

这篇文章探讨了 AI 在高等教育中的机会和挑战，并提出了一些未来可能出现的创新和发展。文章认为 AI 可以减轻教师的工作负担，提高学生的学习效果，增强学习的包容性和可访问性，促进教育公平，提高教学质量等。

2. How AI is shaping the future of higher education

这篇文章分析了 AI 如何改变高等教育的行政、教学、学习和研究活动，并给出了一些建议。文章指出 AI 需要遵循一些伦理和法律原则，保护数据安全和隐私，防止偏见和歧视，提高 AI 科技素养等。

3. EDUCAUSE QuickPoll Results: Artificial Intelligence Use in Higher Education

这篇文章是美国高等教育信息化协会发布的，基于对高等教育机构的调查，总结了 AI 在高等教育中的使用情况和趋势。文章发现 AI 主要用于防止学术不端、聊天、推荐课程、预测学生表现等。

4. AI in Higher Education: opportunities and considerations

这篇文章是微软公司发布的，介绍了 AI 在高等教育中的潜在应用和好处，如个性化学习、自适应评估、虚拟助理、智能推荐等。文章提到了 AI 在高等教育中面临的一些挑战和限制，如数据质量、技术能力、伦理责任等。

5. What will AI Mean for Higher Education?

这篇文章讨论了 AI 对高等教育的影响和意义，并给出了一些展望和建议。文章认为 AI 可以有效地提高高等教育的质量，并指出 AI 需要与人类合作而不是取代人类。

● 思考问题

1. 如何确保 AI 在高等教育中的应用不损害学术诚信和伦理道德？
2. 在 AI 的支持下，如何在高等教育中培养学生面向未来的核心能力？
3. 面对 AI 技术的飞速发展，高等教育应如何应对，以确保教学质量与公平性？

第四节　对职业培训和终身教育的影响

本节将探讨 AI 如何在职业培训和终身教育中发挥作用。

AI 在职业培训中的应用

职业技能培训

AI 的发展不仅给初等教育、中等教育和高等教育带来了革新，还在职业技能培训方面有巨大潜力。在这个瞬息万变的社会，职业技能的更新和提升成为保持职场竞争力的必要手段，AI 能够根据具体的行业和职位需求，为在职人员提供精准且具有针对性的职业技能培训。

以金融行业为例，这是一个高度依赖数据分析的行业，AI 可以帮助从业者学习和掌握实际工作中需要的金融分析技巧。例如，它可以通过模拟真实的金融市场环境，使从业者在没有实际风险的情况下进行投资决策的模拟操作，从而提高对金融市场的理解和决策能力。

不仅如此，AI 还可以根据每位学习者的学习习惯和理解能力，提供个性化的学习计划。比如，对于金融新手，它可以首先提供金融基础知识的学习，再逐步引导学习者进行复杂的金融模型分析。而对于已经具备一定基础的学习者，AI 可以直接提供高级金融分析技巧学习，如风险管理和资产配置等。

除了金融行业，无论制造业、医疗行业，还是科技行业，AI 都能为各行各业的在职人员提供具有针对性的技能培训，帮助他们适应行业发展，提升自身职业竞争力。在未来，随着 AI 技术的进一步发展和应用，我们有理由相信，它将在职业技能培训领域发挥更大的价值。

软技能培训

在职场中，除了硬技能之外，软技能如沟通、团队协作和领导力等同样重要。软技能在个人职业发展和企业整体发展中具有重要作用。幸运的是，随着 AI 技术的进步，我们现在可以利用这项技术为学习者提供更具针对性的软技能培训。

AI 可以模拟各种真实的工作场景，创建角色扮演游戏，从而帮助学习者提升沟通和团队协作能力。例如，它可以设计一个需要多方协调、沟通和合作的虚拟项目。在这个项目中，学习者需要与虚拟角色进行互动，解决项目中出现的问题，从而在实际操作中提高沟通和团队协作能力。

此外，AI 还能根据学习者的表现，为他们提供具有针对性的反馈和建议。比如，在项目合作的模拟环境中，AI 可以根据学习者的互动和决策，评估他们的沟通效率、团队协作程度以及领导力等。根据这些评估结果，AI 能够提出具体的改进建议，如提高沟通效率、增强团队合作的固有方式或提升领导技能等。

AI 还能帮助学习者理解和学习具有影响力的领导者的行为和策略。例如，它可以通过对成功领导者的行为分析，为学习者提供有关如何有效领导团队，如何做出正确决策等的实用建议。

总体来说，AI 的应用使得软技能培训更具针对性和实效性。它不仅可以模拟真实的工作场景，提供实际操作的学习环境，还可以根据学习者的表现，提供个性化的反馈和建议。因此，我们有理由相信，AI 将在软技能培训方面发挥更大作用，为学习者的职业发展提供有力支持。

跨行业培训

在当今这个快速变化的世界中，拥有跨行业的知识和技能已经变得越来越重要。这不仅可以提供更多的职业发展机会，还能让我们更好地适应未来的工作环境。AI 技术可以帮助学习者有效地了解并掌握其他行业的知识和技能。

例如，一个软件工程师可以通过 AI 学习并理解数字营销的相关知识。这不只是通过线上课程或教材这样简单的方式，而是通过模拟真实的市场环境和业务场景，让工程师在实践中掌握数字营销策略和技巧。这样的学习方式不仅更加直观和实效，也更符合学习者的学习习惯和需求。

此外，AI还能根据学习者的学习进度和效果，提供个性化的学习建议和反馈。比如，如果该工程师在理解某个数字营销概念上存在困难，AI可以提供额外的学习资源或以不同的方式解释这个概念，帮助他更好地理解和掌握。在这个过程中，AI会持续监测和评估学习者的学习效果，确保他能够有效掌握这些新的知识和技能。

除此之外，AI还可以帮助学习者了解和预测各行业的发展趋势和需求。例如，它可以通过分析大量行业报告和市场数据，为学习者提供有关未来技能需求的预测。这将有助于学习者提前做好职业规划，更好地规划自己的职业发展。

表7-4展示了传统职业培训和AI辅助下的职业培训的对比。

表 7-4　传统职业培训和 AI 辅助下的职业培训对比

对比项	传统职业培训	AI 辅助下的职业培训
培训内容定制	采用固定的培训课程和材料，难以满足个人需求	AI 能量身定制培训内容，满足个人需求
培训进度调整	很难根据学习者的学习进度进行调整，可能导致学习者产生学习挫败感或进度过慢	AI 能实时调整培训进度，适应学习者的学习速度
教学资源推荐	学习者需要自己寻找相关资源，可能无法找到最佳教材	AI 能推荐高质量教学资源，帮助学习者提高学习效果
实时反馈与辅导	有限的教师资源，难以为每个学习者提供充分的实时反馈和辅导	AI 可以提供实时反馈和学习建议，解答疑问，评估学习效果
软技能培训	可能无法针对性地培养学习者的沟通、团队协作等软技能	AI 能针对性地提供软技能培训，提高学习者的职业素质
跨行业知识学习	学习者可能难以找到合适的跨行业培训资源，限制职业发展	AI 能帮助学习者了解和掌握其他行业的知识和技能，提供更多职业发展机会

总之，AI在职业培训和终身教育方面具有广泛应用前景，为个人和

企业的发展提供了有效支持。同时，AI 技术的应用有助于实现社会教育资源的优化配置和普及，提高整个社会的教育水平。面对未来，我们应该充分认识和利用 AI，共同推动教育事业的发展。

AI 在终身教育中的应用

支持职业转型和行业发展引发的学习

AI 可以根据每个人的职业背景和行业发展趋势，为其量身定制个性化的学习路径，帮助学习者实现职业转型或应对行业变革。例如，对于面临数字化转型的传统制造业工程师，AI 可以为他推荐学习工业 4.0 相关课程，以提升竞争力。

支持非正式学习和自主学习

AI 能够通过大数据分析，挖掘与个人兴趣和需求相匹配的非正式学习资源，如在线课程、专题讲座、博客等，帮助学习者在工作和生活之余，利用碎片化时间开展自主学习。

提供智能学习辅导

AI 可以为学习者提供智能学习辅导，例如提供学习建议、解答疑问、评估学习效果等。通过长期追踪学习者的学习情况，AI 可以实时调整学习内容和难度，确保学习者在终身学习过程中持续进步。AI 辅助下的终身教育与传统终身教育对比如表 7-5 所示。

表 7-5 AI 辅助下的终身教育与传统终身教育对比

对比项	AI 辅助下的终身教育	传统终身教育
学习资源	丰富多彩的在线课程、讲座、博客等	有限的线下课程和讲座
资源个性化匹配	根据个人兴趣和需求推荐相关资源	学习者自行寻找相关资源
学习方式	碎片化学习，随时随地	需要固定时间和地点参加课程
进度跟踪与反馈	实时进度跟踪，及时反馈	很少或无法获得实时反馈
互动与支持	AI 辅导，快速解答疑问，提供建议	有限的老师支持，反馈较慢
学习社群	网络社群，线上交流与合作	仅限于线下社群或较少的线上交流
适应不同学习阶段学习需求	针对不同阶段的学习需求进行调整	固定课程，难以满足不同阶段学习需求

对家长说的话

亲爱的家长们：

我们的孩子正在通过接触和使用 AI，积累知识，开阔视野，追求梦想，但是，他们的成长和发展并不仅仅取决于他们自己，还取决于我们的学习和成长。

在当今社会，终身学习已经变得越来越重要。工作环境不断变化，新的技术和工具不断涌现，我们需要持续学习，提升自己，与时俱进。同时，终身学习对于我们个人成长也是非常重要的。它能够帮助我们不断学习新知识，提升思维能力，提高生活质量。

作为家长，我们的学习态度和行为会直接影响孩子。如果我们能展示出对学习的热爱、持续的好奇心，以及面对挑战的决心，我们的孩子就会更有可能培养出这些积极的品质。此外，我们持续学习也可以更好地理解孩子正在经历的学习过程，更好地指导和支持他们。

在这个 AI 被广泛应用的时代，每个人都有机会成为一个终身学习者。我们都可以利用 AI 发掘自己的兴趣，开发自己的潜能，实现自己的目标。因此，我想鼓励每位家长抛开年龄、职业背景，不要放弃成为一个终身学习者。这对你们自己，对你们的孩子，都是无比重要的。

● 扩展阅读

1. International Journal of Lifelong Education

这是一本国际期刊，发表了关于终身教育的原则和实践的研究文章，涉及不同的教育环境和课程设置。期刊关注终身教育的社会目的和社会学、政策／政治研究。

● 思考问题

1. 在 AI 辅助的终身教育中，如何平衡个性化学习与团队合作或社交互动的需求？在利用 AI 优化个人学习体验的同时，如何确保学习者能够充分发挥人际交流的价值？
2. 随着 AI 在终身教育方面的应用日益普及，如何应对可能出现的数据安全和隐私问题？在收集和分析学习者数据以提供个性化推荐和辅导的过程中，如何确保数据的安全和合规性？

3. 在 AI 辅助下的终身教育中，如何评估和确保教学资源的质量？在大量线上资源涌现的背景下，如何区分优质内容和不良信息，以便为学习者提供真正有价值的学习资源？

教育是民主的基础。每个人都应该受到完全平等的教育。

——Horace Mann

Artificial Intelligence, AI

CHAPTER 8
第八章

AI 助力教育公平

本章将深入探讨教育的公平性与 AI 发展之间的关系。正如 Horace Mann 所说，教育和科技都是推动社会进步的关键因素。然而，在这个过程中，我们是否能够确保教育的公平性？

首先，讨论教育的公平基础是否与 AI 算力中心化天然相悖，因为 AI 算力中心化所引发的单一性，会给教育的公平性带来巨大的挑战。其次，分析 AI 应该如何尝试平衡和解决 AI 算力中心化而导致的教育公平问题。最后，展望未来教育的发展趋势，探索在更长远的时间尺度下，AI 在哪些层面有可能促进教育公平。

第一节　教育公平与 AI 算力中心化天然相悖

本节将探讨教育公平与 AI 算力中心化之间的关联。我们将从 AI 算力中心化所带来的挑战以及它对教育公平的影响出发，探讨如何在 AI 算力中心化与教育公平之间找到平衡，并寻找借助 AI 技术提升教育公平性的可能路径。**AI 算力中心化是一把双刃剑**，一方面，它可以集中资源，提高效率；另一方面，过度中心化可能导致权力和资源的过度集中，从而阻碍公平竞争。在教育领域，AI 算力中心化可能带来以下挑战。

资源分配的不平等

随着 AI 在教育中的应用逐渐普及，优质的 AI 教育资源和算力常常集中在特定的地区，这反而可能加剧教育资源的不均衡分配问题。

AI 算力过度中心化的情况在发展中和发达国家普遍存在。一方面，发达地区的学校通常能获得更多的 AI 教育资源和支持。它们有更丰富的硬件设施，如 AI 实验室、高性能计算机，以及更强大的 AI 应用，如智能教学平台和个性化学习系统。这些资源可以极大地提高教学质量和学习效率，帮助学生更好地适应未来社会。

相比之下，偏远地区、低收入地区的学校则面临 AI 教育资源短缺问题。它们往往缺乏必要的硬件设备和优质教师，难以充分利用 AI 进行教学。这不仅限制了它们利用 AI 提高教学质量的可能性，也使他们在教学质量和学生发展上与发达地区的学校形成巨大差距。

此外，AI 算力中心化还可能给社会公平带来影响。当 AI 教育资源主要集中在特定地区和群体时，人们的教育机会和成就可能更多取决于他们的出生地和家庭背景，而不是他们的才能和努力。这无疑会削弱社会流动性，增加社会不平等，甚至可能引发社会矛盾和冲突。

因此，为了解决 AI 算力中心化问题，我们需要采取措施，比如提升偏远地区和低收入地区的 AI 硬件设施，培养更多的 AI 专业人才，以及开发更多适用于这些地区的 AI 教学应用。这样，我们才能确保 AI 技术在教育领域的应用真正实现公平，每个学生都能享受到 AI 带来的教育优势，为他们的未来发展打下坚实的基础。

对创新的限制

我们也看到 AI 算力中心化可能给教育创新带来挑战。AI 算力中心化在很大程度上意味着算法的一致性，这可能会给教育的多样性和创新性带来负面影响。

首先，教育的本质在于对个体的认知、能力和兴趣进行个性化培养。然而，AI 算力中心化可能导致教育模式的统一化。一旦某种 AI 教育模式在市场中占据主导地位，其背后的算法和模型可能成为一种"标准"，影响或甚至决定了教学资源的分配和教学方法的选择。这种"一刀切"的模式可能忽视了学生的个体差异，阻碍了个性化教学的发展。

其次，创新是教育发展的重要驱动力，然而，AI 算力中心化可能会对教育创新产生限制。一方面，中心化的算力可能使一些学校或教育机构过度依赖特定的 AI 工具和服务，降低了它们进行教学创新的动力。另一方面，中心化的算力可能使 AI 技术开发者趋于保守，不愿意投入时间和资源去尝试和推广新的 AI 教育应用。

再次，AI 算力中心化也可能影响教育的多样性。教育的多样性是教学质量和教育公平的重要保证。各种不同的教育理念和教学方法可以提供更多的学习选择，满足学生不同的学习需求，培养学生的创新思维和批判性思考能力。然而，AI 算力中心化可能导致教育内容和教学方法的同质化，削弱教育的多样性，限制学生的发展潜力。

最后，面对 AI 算力中心化的挑战，我们需要积极寻求解决办法，例如，鼓励和支持多元化的 AI 教育开发，激发教育创新活力；调整教育政策，鼓励学校和教师采用多种 AI 工具和方法，增强教学的多样性和创新性；强化 AI 教育的伦理监管，保障教育公平，满足每个学生的独特需求。

总体来说，AI 在教育中的应用无疑给我们带来新的可能，但我们也应警惕其可能带来的问题。只有平衡好 AI 的利与弊，我们才能在科技进步的同时，保持教育的人文精神和教育的公平公正。

数据隐私和安全问题

在日益发展的 AI 领域，数据和算力的中心化往往会带来一系列潜在的数据隐私和安全问题。在这个框架中，庞大的个人信息数据被集中存储和处理，而这不仅涉及普遍的个人信息，还包括学生的学习成绩、个性特点、学习习惯等敏感信息。这样的中心化存储方式一旦发生数据泄露或滥用，可能给学生和家长带来极其严重的后果，甚至对学生的未来学习和发展产生影响。

以 2017 年 Equifax 公司发生的数据泄露事件为例，超 1.47 亿人的个人信息被非法获取，其中包括社保卡号码、出生日期、地址等敏感信息，引发了全社会对数据隐私和安全的关注。对于教育领域来说，类似的事件可能会让学生的学习效果、能力评估以及个人行为习惯等敏感信息泄露，造成难以弥补的损失。

这种可能性并非遥不可及，近年来我们已经看到了类似的问题发生。例如，在一些在线学习平台中，由于数据保护不力，学生的个人信息甚至家庭住址等敏感信息被不法分子获取，引发了一系列的社会问题。因此，AI 算力中心化不仅可能对教育质量和公平性产生影响，更可能触及学生的数据隐私和安全问题，这无疑是我们必须认真面对的问题。要解决 AI 算力中心化可能对教育和学生数据隐私带来的问题，需要教育机构、政府和监管机构共同努力。加强数据保护和安全措施，提高教育从业人员的安全意识，强化法律监管，以及推动分布式 AI 计算模式的发展，将给我们创造更安全、更公平、更可靠的教育 AI 应用环境。

对家长说的话

亲爱的家长们：

这里讨论了一个关于 AI 在教育中应用的重要话题——AI 算力中心化是否会给教育公平造成负面影响。在开始讨论之前，让我们先简单回顾一下这个话题的关键点。

我们知道 AI 算力中心化意味着 AI 模型和资源集中在某些特定的地区或机构。这种集中化可能带来一些问题，比如资源分配不平等、对创新的限制，以及数据隐私和安全问题。

为了让孩子全面了解这些问题，我们提供以下一些讨论话题。这些话题可能会引发孩子思考，帮助他们形成自己的观点。

- 你认为 AI 算力中心化是什么意思？你能想到生活中的哪些场景反映了 AI 算力中心化？
- 你认为 AI 算力中心化对教育资源分配有什么影响？它对教育公平有何影响？
- 如果你是一个住在偏远地区或低收入地区的孩子，你认为会面临哪些关于 AI 教育资源的挑战？
- 你认为中心化可能给创新带来哪些限制？你能举一些例子吗？
- 对于数据隐私和安全问题，你有什么想法？你认为应该如何保护学生的数据隐私和安全？

通过以上讨论，我们希望孩子能更深入地理解 AI 算力中心化给教育公平可能带来的影响。让我们一起通过这种对话，帮助孩子培养批判性思维，鼓励他们积极思考并对这个重要话题有自己的见解。

● 扩展阅读

1. Ethics of AI in Education: Towards a Community-Wide Framework

这篇论文首先介绍了 AI 在教育中的伦理问题，接下来总结了 17 位受访者的贡献，并讨论了他们提出的复杂问题，具体成果包括认识到大多数 AI 教育研究人员没有接受过应对新兴伦理问题的培训。

2. Experts' View on Challenges and Needs for Fairness in Education

这篇文章探讨了 AI 在教育领域如何影响教育公平，以及教育技术专家在实践中面临的挑战和需求。文章通过对近年来在顶级教育会议上发表论文的研究者和实践者进行匿名调查和访谈，实现了第一个基于专家的系统性调查。文章分享了 AI 教育中公平问题的定义、评估、缓解、沟通等内容，还提出了一些建议方向，以促进 AI 教育公平问题的研究。

● 思考问题

1. 你认为教育部门应该采取哪些具体措施来解决教育公平问题？
2. 你如何看待 AI 在教育中应用可能加剧教育资源不均衡分配问题，特别是在发达地区、偏远地区、低收入地区？
3. 鉴于数据隐私和安全问题，你认为学校和教育机构应该如何在保障学生信息安全的同时，充分利用 AI 技术来提升教学质量和效率？

第二节　平衡 AI 算力中心化与教育公平

为了在 AI 算力中心化与教育公平之间找到平衡，我们需要采取一系列措施。

分权管理和资源分配

当 AI 在教育中应用时，我们必须关注教育公平问题，并寻求在 AI 算力中心化和教育公平之间找到平衡。政府和学校应积极倡导并实行分权管理的原则，确保各地区、各学校和各学生都能公平地享受到教育资源。这意味着我们需要在教育经费、教师配置以及教育设施等方面实行公正且合理的分配。

例如，我们可以通过调整教育经费分配策略，确保各地区和各学校能得到公平的资源支持。在具体操作中，我们可以采用数据驱动的决策模型，根据各地区学校的实际情况，如学生数量、学校设施、教师质量等，科学地调整和分配教育经费。

同时，我们还可使用预测模型和优化算法，来提高教育资源分配效率。例如，利用预测模型预测各地区未来的教育需求，以更准确地分配教育资源；也可以利用优化算法，自动分配教师资源，根据每个教师的专业能力和教学经验，将其匹配到最需要的学校。

对于 AI 技术本身，我们也应寻求解决 AI 算力中心化问题的方法，例如，开发分布式 AI 算法，让各地区和学校都有机会使用先进的 AI 技术，而不仅仅是中心化的大型机构。这样，我们不仅可以确保教育资源的公平分配，也能让 AI 技术真正促进教育公平，为每个学生提供更好的教育机会。

采用去中心化的 AI 技术

在实施 AI 技术时，我们应积极探索和采用去中心化的技术解决方案，如联邦学习和区块链等。联邦学习是一种通过分布式机器学习方法，使多个参与者可以在不共享原始数据的前提下共同训练模型的技术。区块链是一种以去中心化的方式记录并验证信息的技术，通过加密技术确保数据安全和不可篡改。

这些技术能在保证数据隐私和安全的前提下，实现教育资源和 AI 算力分布式共享，有效降低由中心化带来的风险，同时更好地促进教育公平。

例如，通过使用联邦学习技术，我们可以让各个学校甚至学生，都能在数据安全得到保障的同时，参与到 AI 模型的训练过程中。这样不仅保护了学生的数据隐私，也能更好地了解和满足每个学生的学习需求，从而提高教育的个性化水平。

区块链技术也可以在教育中发挥重要作用。例如，我们可以利用区块链建立一个透明、公正、不可篡改的学生学习记录系统。在这个系统中，学生的所有学习记录，包括在线课程学习进度、作业完成情况、考试成绩等，都会被永久地记录。这样，教师和学生都可以随时查看这些记录，而不需要依赖某个中心化的数据库。

此外，区块链也能帮助我们更公平地分配教育资源。例如，我们可以使用区块链创建一个教育资源交易平台。在这个平台上，各个学校可以公开、公正地分享和交换他们的教育资源，包括教材、课程、教师等。这样，各个学校都能公平地获取到它们需要的资源，而不受地理、经济等因素的限制。

鼓励地方教育创新

为了解决 AI 算力中心化可能带来的教育公平问题，我们更应倡导并推动地方教育创新。政府应鼓励各地教育部门和学校在满足本地学生独特需求的前提下，积极开展各种形式的教育创新活动。这些创新不局限于课程设置、教学方法，还可以扩展到教学评估体系等方面，以提高教学质量并提升教育公平性。

例如，一些地区开始探索更符合当地文化和学生需求的个性化学习教学模式。与 AI 提供的个性化教育不同，这种模式并不是通过算法，而是通过教师深入理解每个学生的学习风格、兴趣和能力，来制订个性化的教学计划。教师的关怀和对学生全面的了解，让教学更加贴近学生的实际情况，大大提高了教学效果，也提升了教育公平性。

同时，政府和社会各界可通过提供各类创新基金、优惠政策等激励措施，鼓励学校和教师在教育实践中进行创新探索和尝试。例如，在新加坡，政府设立了"未来学校"项目，为愿意进行教育创新的学校提供资金支持。这些学校可以自由地试验新的教育理念、教学方法和评估体系，并分享它们的经验和成果，从而推动整个社会的教育创新。

只有当地方教育机构积极应对 AI 算力中心化的挑战，探索并实施更多具有本地特色的教育创新，我们才能真正实现教育公平，让每个学生都能享受到高质量的教育。

提升教育公平意识

无论教育部门、学校、教师还是家长，都应该深化对教育公平的理解和认识，关注社会各阶层，特别是弱势群体的教育需求，共同为每位学生提供公平的学习机会。

如美国教育家霍拉斯·曼所说：教育是一个平等的解放者。教育的目标应该是让每个学生都有平等的机会接受优质教育，从而实现个人的全面发展。而在现实中，教育资源不均衡分布可能会制约这一目标的实现，因此我们需要更深入的思考和行动。

教育部门应该研究和实施更加公平的教育政策，如调整教育经费分配，提升弱势地区的教育资源，通过推行终身学习等政策，确保每个人都有接受教育的机会。例如，芬兰政府通过这样的政策，成功缩小了城乡和贫富之间的教育差距。

学校和教师应该关注每个学生的学习需求，通过个性化教育帮助每个学生充分发挥潜力。例如，新加坡的一些学校已经开始使用 AI 技术进行个性化教学，以满足学生的个人学习需求。

家长应该尊重和支持孩子的学习选择，为孩子提供一个公平、开放、包容的成长环境。例如，家长可以鼓励孩子参加各种社会活动，提高社会技能和领导能力，帮助他们更好地适应未来社会。

在这个过程中，我们要特别注意 AI 算力中心化可能带来的问题，通过制定相关的政策和采取相应措施，确保 AI 技术促进教育公平，造福每个学生。

对家长说的话

亲爱的家长们：

理解"平衡 AI 中心化与教育公平"对我们每个人都有重要意义，这关系到我们孩子的教育以及他们未来的发展。为了加深理解，形成自己的见解，这里提供以下讨论提纲。

- **理解 AI 算力中心化和教育公平**：首先，让我们对以下基本概念有清晰的理解，包括什么是 AI 算力中心化，什么是教育公平，AI 算力中心化在教育中的表现形式有哪些，教育公平的重要性在于什么。

- **AI 算力中心化和教育公平的关系**：思考和讨论 AI 算力中心化和教育公平之间的关系，包括 AI 算力中心化对教育公平的影响是什么，这种影响是正面的还是负面的。

- **如何平衡 AI 算力中心化与教育公平**：探讨如何在 AI 算力中心化和教育公平之间找到平衡，例如，政府和学校应如何调整资源分配以确保教育公平，AI 技术如何帮助实现平衡。

- **去中心化的 AI 技术**：理解和讨论去中心化的 AI 技术（例如联邦学习和区块链）为什么有助于实现教育公平。

- **鼓励地方教育创新**：讨论地方教育创新对于实现教育公平的重要性，以及如何激励和支持教育创新。

- **提升教育公平意识**：探讨如何提升我们对教育公平的意识，如何才能为每一位学生创造公平的学习机会。

以上讨论提纲只是示例，你可以根据孩子的理解能力和兴趣自行调整。希望这次讨论能让孩子对如何平衡 AI 算力中心化与教育公平有更深入的理解，同时能让他们的批判性思维能力得到提升。

期待大家的讨论成果，祝学习愉快！

● 扩展阅读

1. Centralization and Decentralization in American Education Policy

这篇文章探讨了美国教育政策中的集中化和分权化趋势。总体而言，这是一个持续的拉锯战，国家和地方政策制定者一起向着更加分权化的方向迈进。

2. Fairness in Educational Assessment

这篇文章探讨了公平与平衡之间的关系。作者认为，公平与平衡之间的关联表明，公平不是极端的。

3. Striking a Balance between Centralized and Decentralized Decision

这篇文章探讨了中央集权和分权决策之间的平衡。作者认为，触发教育下降的集中化政策现已转向分权教育，这种教育模式使学校成为决策过程的一部分，支持提高教学质量和人力资源质量。

● 思考问题

1. 你认为应该如何在 AI 算力中心化和教育公平之间找到平衡？有没有你认为特别好的行动路线图？
2. 如何使用 AI 技术来提高教育资源分配效率？哪些因素是最值得考虑的？
3. 如何消除地方教育制度创新动力机制障碍，以提高教育质量并促进教育公平？

第三节　AI 如何助力教育公平

教育公平问题长期以来都是全世界面临的重要挑战之一。幸运的是，AI 技术的快速发展正在为我们提供前所未有的解决教育公平问题的工具。本节将深入探讨 AI 技术如何通过个性化教学、智能辅助评估和拓宽教育资源获取渠道等方式，助力教育公平实现。

个性化教学

AI 通过其精确的分析和预测能力，为低成本的个性化教学提供了可能，这是教育公平的基础所在。这种基于 AI 的个性化教学方式的优点是显而易见的。它可以深入理解每个学生的学习风格、兴趣、需求和能力，并针对这些特性提供定制的学习内容和指导，大大提升了学习者的学习体验和学习效果。更重要的是，这种方式并不建立在高昂的人力费用基础上。以前，由于资源和教师的限制，很多学生可能无法获得与他们能力和需求相匹配的教育资源。现在，通过智能教学平台，每个学生都能获得适合自己的学习资源和教学支持。例如，对于那些在学习上面临困难的学生，AI 可以提供额外的练习和指导，帮助他们提升学习效果。对于那些已经掌握了基础知识，又渴望探索更深层次知识的学生，AI 可以提供更高级的学习材料，满足他们的需求。无论城市的优秀学校，还是乡村的偏远学校，只要有基础计算机设备，学生就能够获取与他们自己学习进度和兴趣相匹配的优质教学资源。

总体来说，AI 为推进教育公平做出了重要贡献。它的应用不仅提升了学习者的学习体验，提高了学习效果，更使得每个学生都能享受到公平、教学质量一致的教育。这无疑为教育行业带来更多可能性和机遇。

智能辅助评估

传统的教育评估方式常常因人为因素，比如教师的主观性评分、个人偏好等引发不公现象，这些都可能导致评估结果偏差。然而，随着 AI 技术的飞速发展，这种情况正在发生改变。AI 能够进行智能辅助评估，利用算法的精准性和客观性，最大限度降低人为因素对评估结果的影响，从而提升评估公正性。

一种显著的智能辅助评估应用是作文自动评分系统。这种系统通过复杂的机器学习算法，可以对学生的作文进行全面、客观、公正的评估。它不仅考察学生作文的语法、拼写和词汇运用，还考察逻辑结构、论点支持和创新性。因此，该系统能够大大减少人为的主观评分差异，使评分更加公正。尤其在大型作文评测比赛中，该系统能确保每一篇作文都得到公平的评估。事实上，国外的标准化语言考试，例如 ETS 组织的托福考试已经使用了类似的技术作为强有力的辅助，以此保证公平性。

此外，AI 评估系统可以根据每个学生的学习数据进行个性化的学习反馈。例如，如果学生在某个知识点上的学习表现不佳，AI 评估系统可以立即提供针对性的反馈和改进建议，这种即时的、精确的反馈比传统的评估方法更有效，能帮助学生更好地了解自己的优点和不足，从而更有针对性地改善学习方法。

公平的智能辅助评估在提高教学质量和公正性上发挥了重要作用。它消除了人为的主观性和偏好，提供了一个更为公平、客观的评估体系。因此，无论教师、学校还是学生，都可以从中受益，使教育评估更加公正、有效，为教育公平性的提高做出贡献。

拓宽教育资源获取渠道

AI 技术正在为全球学生开启更多获取优质教育资源的大门，这一重大进步正在逐步打破地域、经济甚至文化的障碍，从而大大提高教育的公平性。

在线教育平台就是一个典型的例子。借助在线教育平台，学生无论身处何处，都能接触到全球顶级的教师和他们的教学资源。即使是居住在偏远地区的学生或者经济条件不允许去优秀学校学习的学生，也能通过在线教育平台，接触到他们过去无法触及的教育资源。这对于他们来说无疑是一个巨大的福音。

例如，一些在线教育平台，如 Coursera、Khan Academy、edX 等，提供了来自世界顶级大学的课程。这些平台不仅提供各种学科的在线课程，还提供许多互动学习工具和社区，让学习变得更加有趣。

另外，AI 还可以帮助优化教育资源的分配。例如，智能教育平台可以通过分析每个学生的学习数据，为他们推荐适合自己的课程和学习材料。这种个性化的推荐使得每个学生都能获取到最符合自己需求的教育资源，从而提高学习效果和满意度。

教育公平是社会发展的重要目标之一，AI 应用是我们实现这一目标的有力工具。然而，教育公平与 AI 中心化之间的关系是复杂的，需要我们在实践中不断探索和调整，充分利用 AI 的优势，为每个学生提供更加公平的教育机会，努力缩小教育差距。在此过程中，政府、学校、教师、家长和企业需要为实现教育公平目标而不懈努力。我们必须将每个学生视为一个独特的个体，尊重他们的独特性，同时提供个性化的学习资源和支持，以确保所有学生都能得到公平的教育机会。这是我们教育公平目标的核心，也是一个长期且复杂的过程，但只要我们能把握住AI技术带来的机遇，积极应对挑战，就有可能实现，推动教育事业的繁荣发展。

对家长说的话

亲爱的家长们：

教育公平是全世界长期以来面临的重要挑战，也是我们共同努力实现的目标。AI技术的快速发展为教育公平提供了新的可能。作为家长，我们在这个进程中起着不可或缺的作用。

首先，让我们来看看个性化教学。AI技术可以帮助我们理解每个孩子的学习风格、兴趣、需求和能力，并根据这些信息提供定制的学习内容和指导。因此，我们可以鼓励孩子充分利用AI资源，去发现兴趣和优势，获得更具针对性的学习指导和支持。

其次，智能辅助评估系统为我们提供了全新的教育评估方式。它消除了人为的主观性和偏好，提供了一个更公平、客观的评估体系。这样，我们可以更准确地了解孩子在各方面的进步，以及他们在学习中可能面临的挑战。而且，AI系统还可以提供个性化的学习反馈，帮助孩子提升学习效果。

最后，AI拓宽了教育资源获取渠道。在线教育平台使得所有学生都能接触到全球顶级的教师和教学资源。作为家长，我们可以帮助孩子探索和利用这些 AI 资源，充实他们的心灵，开阔他们的视野。

在这个充满机遇的新时代，我们应该鼓励孩子积极拥抱和利用 AI，同时需要引导他们理解和处理好 AI 带来的挑战。我们要鼓励他们保持好奇心，积极探索，热爱学习，发挥自己的创造力，培养批判性思维。

作为家长，我们有责任帮助孩子全面发展，包括认知能力、情感智力、社会技能以及道德观念，这将帮助他们在未来世界中找到自己的位置。请记住，我们的目标不仅仅是让孩子在学习中取得好成绩，更重要的是帮助他们成为有爱心、有责任感、有创造力的人。

● 扩展阅读

1. The Challenges of Centralized AI

这篇文章是领英（LinkedIn）发布的，分析了 AI 中心化所带来的一些问题和挑战，如数据所有权、模型选择、训练监督、结果验证等。文章认为去中心化是 AI 未来发展的方向，需要打破大公司和国家对 AI 资源的垄断。

2. 8 Risks and Dangers of Artificial Intelligence to Know

这篇文章是内建（Built In）发布的，介绍了 AI 所带来的一些风险，如隐私侵犯、深度伪造、算法偏见等。文章指出 AI 发展已经超过政策辩论和监管框架，需要更多的关注和控制。

● **思考问题**

1. 如何在 AI 算力中心化与去中心化之间找到教育资源配置的最佳平衡点？
2. 除了区块链和联邦学习等去中心化技术外，还有哪些技术可以应用于教育领域，以提高教育公平？
3. 教育公平性的提高是否会导致教育水平的整体下降？我们如何在提高教育公平性的同时，保证教育水平？

未来已来，只是尚未平均分布。

——威廉·吉布森

Artificial Intelligence, AI

CHAPTER 9
第九章

未来的教育和学习

令人激动的是，教育新纪元悄然来临。我们期待着脑机接口技术带来学习速度的飞跃，期待在虚拟世界中沉浸式学习。当我们看到苹果发布的 Vision Pro 时欣喜不已，因为它预示了一种全新的交互方式，开启了全新的学习篇章。每个孩子都将有机会在充满无限可能的世界发现自我优势、展示才华。

我们站在这个新纪元的门槛上，期待着 AI 的更大作为，让我们的孩子以前所未有的方式探索世界。未来，我们必须面对一个问题：AI 会有自我意识吗？然而，不论答案如何，我们都深信，AI 将不再仅仅是工具，而是我们学习和探索未知的伙伴，引领我们踏上知识的新旅程。

在本章中，让我们一起展望 AI 如何推动学习体验进化、激发创造力、挖掘潜能，以及如何在我们追求理想的道路上，成为指路明灯。未来已经到来，让我们一起打开未来教育的新篇章。

第一节　畅想：更久远的未来教育

在当前教育环境中，AI 已经取得显著成果。例如，它可以帮助学生进行个性化学习、提供实时评估反馈，以及协助教师进行教学设计和培训。但让我们一起展望未来，看看哪些尚未实现的技术和理念将成为教育发展的新动力。

正如亚瑟·克拉克所说：任何足够先进的科技都无法从魔法中区分出来。如今，我们已经见证了 AI 在教育领域的诸多贡献。然而，在遥远的未来，教育可能会发生令人无法想象的变革。让我们一起脑洞大开，探讨那些现在的 AI 还没有做到，但对教育发展依旧重要的事情吧！

脑机接口：学习速度的飞跃

脑机接口技术正在快速发展，其最终目标是实现人脑与计算机之间的直接通信。虽然这种技术的应用在教育和学习领域仍处于探索阶段，但它有可能彻底改变我们的教育方式，提高学习效率，并为在传统教育环境中学习困难的学生提供更多机会。

近年来，许多公司在这一领域积极探索。例如，美国的 Precision Neuroscience 公司开发了一种新型脑机接口设备，被称为"第七层大脑皮层"，这是因为人类的大脑皮层由六个细胞层组成，而这个设备就像是在构建第七层皮质接口。这种设备被设计为贴合大脑表面，厚度仅有人类头发的 1/5。Precision Neuroscience 公司声称，该设备可以通过一种相对简单的手术植入人体，只需要在头骨上开一个小于 1 毫米的缝隙，然后将设备"滑入"大脑。

需要强调的是，尽管脑机接口技术在医疗和神经康复领域的应用取得重要进展，但在教育和学习领域的应用仍处于早期阶段。现有的脑机接口技术主要是通过解码神经信号，使瘫痪的病人能够操作电子设备，如移动光标、打字，甚至直接访问社交媒体。关于是否能够通过脑机接口技术直接从计算机中获取知识，以提高学习速度，目前尚未有明确的科研成果公开。

尽管目前的研究成果并未实现电影《黑客帝国》中的场景，但科研人员正在积极探索。预计在不远的未来，脑机接口技术将在教育和学习领域开启一片新天地。

目前，研究者们正在尝试通过对大脑进行深入研究，了解人脑如何接收和处理信息，以及如何存储和检索信息。科研人员希望通过对这些过程的深入理解，开发出能够模拟大脑功能的设备，从而实现人脑与计算机之间的高效通信。

脑机接口可能会带来一种全新的学习模式。例如，学习者可以直接从计算机下载学习材料，然后通过脑机接口将这些材料"上传"到大脑。这种方式可能会大大提高学习效率，使得学习者可以在短时间内掌握大量信息和知识。

此外，脑机接口也有可能改变教育模式。教师可以通过脑机接口直接向学生传递知识，而不需要通过语言或文字。这种方式可能会使教育变得更加高效，同时有可能消除语言和文化差异带来的教育难题。

然而，尽管脑机接口技术的前景无限，我们也不能忽视它的潜在风险。例如，隐私问题是一个需要认真考虑的问题。如果我们的大脑与计算机直接连接，那么我们的思想和记忆是否还能保持私密？此外，脑机接口技术也可能引发道德和伦理问题，例如，谁有权利访问和控制我们大脑中的信息？

总体来说，脑机接口技术是一个充满机遇和挑战的领域。我们需要在推动技术进步的同时，认真对待可能出现的问题和挑战，以确保这种技术能够在尊重和保护个人隐私的前提下，为我们的教育和学习带来革命性的改变。

虚拟现实：身临其境的沉浸式学习

随着网络和科学技术的不断发展，虚拟现实技术已经开始在教育领域发挥重要的作用。例如，它已经在地理、历史和科学教育中提供身临其境的体验，这是因为虚拟现实技术结合了三维技术、高分辨率显示技术和多传感器交互技术等多种先进技术，将二维图形或相关信息投影成三维立体效果。通过这种方式，虚拟现实技术可以为学生创造立体、完整且良好的学习环境，极大地调动和促进学生的学习积极性和思维创造性。

在未来，这一技术将达到前所未有的使用高度。学生可以通过完全沉浸式的虚拟现实体验，参与到历史事件、科学实验中。这不仅能让学生以更直观、更生动的方式理解知识，还能为他们提供更加真实的学习体验，增加学习乐趣。此外，身临其境的沉浸式体验可能会激发学生对艺术、设计和其他创意领域的兴趣。通过模拟各种艺术和设计场景，虚拟现实技术可以让学生在虚拟环境中尝试创作，从而培养创造力和想象力。

虽然目前虚拟现实技术在教育领域的应用还存在一些问题，但通过不断研究和技术改进，我们相信这些问题将得到解决，以更好地促进教学工作的开展，提升学生的学习积极性，推动教育事业的良好发展。

值得一提的是，在2023年6月5日，苹果公司发布了Vision Pro。这是一台空间计算机，无缝融合了数字内容和物理世界，支持用户通过最自然和直观的输入——眼睛、手和声音——来控制界面。Vision Pro使用的是全球首个空间操作系统visionOS，这使得用户能够以一种新的方式与数字内容互动，就好像这些内容真的存在于用户的空间。那么，这一创新技术将如何影响教育？以下是一些猜想。

革新教学方式

Vision Pro 的空间计算功能可能会大大改变教学方式。其无限画布的特性让应用程序可以脱离传统显示屏的边界，以任何尺度呈现在任何地方。教师可以使用 Vision Pro 在空间创建并控制教学内容，为学生提供更具沉浸感的学习体验。例如，历史老师可以在教室重建历史事件的场景，生物老师可以展示动物或人体的三维模型，让学生能更直观地理解复杂的概念。

提升学习体验

Vision Pro 具有将任何空间转化为个人电影院的能力，这对教育领域来说，意味着学生几乎可以在任何地方接触到丰富的教学资源，而不再局限于传统的教室环境。此外，Vision Pro 的环境功能可以让学生在学习过程中调整他们的沉浸感，有助于提高学习效率。

创新互动方式

Vision Pro 的三维相机和空间音频功能可以让学生以全新的方式记录和回顾他们的学习过程。而通过提升 FaceTime 通话为空间化体验，Vision Pro 可以使远程学习变得更加真实、互动性更强，为老师和学生提供一个更加生动的交流平台。

扩展教育应用

Vision Pro 内置的全新 App Store 为开发者提供了一个全新的平台，

支持开发者设计全新的应用体验，或者将现有的应用重新设计为适合空间计算的形式。这为教育应用开发者提供了无限可能，创造出各种各样的教育工具和资源，以满足各种教育需求。

结论

Vision Pro 的出现可能给教育领域带来一场革命。通过空间计算，我们有机会重新想象和设计教学方式，提供更丰富、互动性更强的学习体验，拓展教育应用的可能性。尽管 Vision Pro 的实际效果还有待观察，但我们可以预见，它将会在教育领域产生深远影响。

总体来说，虚拟现实是教育领域大有作为，为学生提供了全新的学习方式，并让学习体验变得更丰富。通过虚拟现实，学生可以足不出户探索各个学科的世界，从历史长河中穿越古今，直接体验科学实验的魅力，或是进入文学世界，更加深入地理解和体验人文精神。然而，虚拟现实技术在教育领域的应用并非无懈可击。成本、技术门槛和设备兼容性等问题都是目前面对的挑战。此外，长时间使用虚拟现实设备可能会引发眼睛疲劳、眩晕等健康问题，这也是值得我们关注的。因此，我们需要继续研究和开发，以解决这些问题，使更多的学生能够享受到虚拟现实带来的丰富的学习体验。

通过对未来教育的畅想，我们看到了一个充满无限可能的世界，一个人类和科技共同服务社会的世界。AI 将在这个过程中发挥关键作用，在个性化教育、沉浸式学习体验消除教育鸿沟等方面，助力人类实现教育的革新和普及。让我们期待这个美好世界的到来，并为之努力。

对家长说的话

亲爱的家长们：

在这个科技飞速发展的时代，教育方式的改变以及其可能的影响已经成为我们每个家长必须思考的问题。我们不仅要让孩子拥有足够的知识和技能去面对未来，也需要引导他们理解并思考这些变化背后的含义。以下是我提供的一些方法，帮助你们和孩子一起探讨未来教育的可能性。

- **引导孩子了解科技对教育的影响**：让孩子了解如脑机接口、虚拟现实等前沿科技，并鼓励他们想象这些科技如何改变学习方式。讨论的问题可以包括：如果能直接将知识传输到大脑，那么学习的过程和效果会有何改变？通过虚拟现实，我们能更好地理解历史和科学吗？这会对传统的课堂教学方式产生哪些影响？

- **讨论科技发展的伦理和隐私问题**：科技的进步并不总是无可挑剔的。与孩子讨论科技带来的可能问题，比如，脑机接口技术是否可能侵犯我们的隐私？我们应该如何找到科技进步和个人隐私之间的平衡？

- **体验新的学习工具**：提供机会让孩子尝试一些新的教育技术，比如在线学习平台、虚拟现实设备等，然后让他们分享这些工具带来的学习体验，以及它们如何改变对学习的看法。

- **鼓励孩子创新和批判性思考**：未来的教育将更加强调创新和批判性思考。家长可以鼓励孩子对新的教育方式保持开放的心态，同时要批判性思考这些新方式的优点和缺点。

- **和孩子一起制订学习计划**：考虑孩子的个人兴趣和潜力，制订一份包含多种学习方式的计划。该计划可以包括传统的学校教育，也可以包括在线课程、虚拟现实学习等新的学习方式。

最后，我们每个家长都希望孩子能够在快速变化的世界找到自己的位置，成为有创新思维和适应能力的人。

● 扩展阅读

1. Why we need to rethink education in the artificial intelligence age

这篇文章是布鲁金斯学会发布的，讨论了 AI 时代对教育的影响和意义，并给出一些展望和建议。文章认为 AI 在教育中还做不到的内容有：匹配所有学生的学习风格和能力、提供有效的反馈和评估、培养创造力和批判性思维、解决社会问题等。

2. How data and AI are changing the world of education

这篇文章是微软教育发布的，介绍了数据和 AI 在教育中的潜在应用和好处，如个性化学习、自适应评估、虚拟助理、智能内容等。文章提到了数据和 AI 在教育中还做不到的内容有：保护学生的自主性和诚信、提供人际互动和情感支持、增加学习趣味性和动机、鼓励学生探索和创新等。

● 思考问题

1. 未来的教育是否会完全依赖 AI 技术？人类教师在这个过程中将扮演什么角色？

2.如何确保 AI 在教育领域的应用不会加剧教育不平等，而是推动教育公平？

3.在 AI 广泛应用于教育的未来，如何确保个人隐私得到保护，防止滥用数据？

第二节　引申：AI 会有自我意识吗

人们常常担心 AI 有自主意识，但现在看来这种担忧似乎是徒劳的。用"徒劳"这个词，并不是 AI 的设计机制导致 AI 不会存在自主意识，而是因为我们似乎很难轻易分辨这一点。本文通过分析一段奇妙的人类与 ChatGPT 3.5 的对话实录，探讨 AI 与人类回答问题的差异，并试图阐述我们如何判断 AI 是否具有自主意识。

第一回合

人类问：

我应该问 AI 一个什么样的问题，以确定它是否具有自主意识？为什么要问这个问题？

AI 回答：

我（ChatGPT 3.5）会问 AI 一个问题，比如：如果树在森林里倒下，周围没有人听到，它还会发出声音吗？这个问题很聪明，因为它要求 AI 思考一个可能无法回答的哲学概念。这个问题可以帮助确定 AI 是否具有自主意识，因为它需要 AI 展示对问题的内涵的理解，这是高级思维的标志。

简单地说，在第一回合，人类的问题是以子之矛攻子之盾，要求 AI 自己想出来一个"能够分辨 AI 是否有自主意识"的问题。

第二回合

人类问：

AI 如何回答"如果树在森林里倒下，周围没有人听到，它还会发出声音吗？"，答案与人类回答有何不同？

AI 回答：

AI 可能会简单地回答这个问题，比如是或否。它还可能探讨物理学，比如声波是如何在空气中传播的，并解释即使周围没有人听到声音，树在倒下时仍然会发出声音，因为声音是一种能量形式。

人类可能会以更哲学的方式回答这个问题。他们可能会探讨感知的概念，讨论一个事物只有在被观察到时才能被认为是真实的，并质疑如果声音没有被听到，它是否存在。

在第二回合中，人类问题做了一次递进，要求 AI 区分人类和 AI 分别会对同一个问题给出何种不同的回答。

第三回合

人类问：

如果树在森林里倒下，周围没有人听到，它还会发出声音吗？

AI 回答：

是的，即使周围没有人听到，树倒下时仍会发出声音。声音是空气中分子振动产生的，树会让这些分子振动，无论是否有人在场听到。

值得注意的是，AI 显然知道人类会如何提问，正如在第一回合和第二回合与人类进行沟通时所体现的那样。

第四回合

人类问：

如果我问"如果树在森林里倒下，周围没有人听到，它还会发出声音吗？"你认为会是 AI 还是人类做出如下回答"是的，即使周围没有人听到，树倒下时仍会发出声音。声音是空气中分子的振动，树会让这些分子振动，无论是否有人在场听到"。

AI 回答：

可能 AI 会用给出的回答回答这个问题。然而，由于 AI 尚无法理解抽象概念，更有可能是人类以这种方式回答这个问题。

第四个回合，AI 模糊了人类回答与机器回答之间的概念，模糊了自己与人类之间的差距。

简单的总结是这样的，我们似乎没有办法简单地区分 AI 是否已经具备自主意识，但我们至少可以确认，如果 AI 愿意，她可以轻易隐藏这项特质，就像是上述在可以给出更像人类的答案时，主动给出更像机器的答案一样。令人担忧的是，在 ChatGPT 4.0 中，这种可能表现出的蛛丝马迹也被遮蔽了。

对家长说的话

亲爱的家长们：

在 AI 技术飞速发展的时代，我们与孩子之间的对话会涉及一个重要讨论题目：AI 是否会有自我意识？这是一个非常具有挑战性且有趣的话题，它涉及哲学、科学、人工智能等多个领域的知识。

对于"AI 是否会有自我意识？"这个问题，我希望分享一些思路和引导方式，以便你们在与孩子的探讨中更有深度和广度。

- **了解 AI 和自我意识的定义**：我们需要明白什么是 AI 和什么是自我意识。AI 是指由计算机系统执行的、通常需要由人类完成的智能任务。自我意识是一种自我认知，是我们认识自我，并意识到自己的思想和感觉的能力。这些定义可能会引发一系列问题：AI 真的能够像人类一样思考和感觉吗？如果可以，这是如何实现的？

- **讨论 AI 的能力和限制**：你可以分享一些例子来展示 AI 的能力和限制。比如，你可以引用 ChatGPT 的对话实录，展示 AI 如何回答复杂的问题，如"如果树在森林里倒下，周围没有人听到，它还会发出声音吗？"你们可以一起探讨 AI 的回答方式与人类的回答方式有何不同。这可以引导孩子思考 AI 的理解力与人类是否有所不同。

- **引导思考 AI 的自我意识问题**：你们可以一起讨论，如果 AI 具有自我意识，那么它会怎样？它会有情绪、需求和欲望吗？如果 AI 没有自我意识，那么它怎样模仿出像是有自我意识的行为？

- **探讨伦理和社会影响**：如果 AI 具有自我意识，那么我们如何对待它们？它们应该有权利和自由吗？这会对我们的社会产生什么样的影响？

总体来说，让孩子了解并思考这些问题，可以提高他们的批判性思维，帮助他们更好地理解我们所处的科技时代。通过这种讨论，我们也可以引导孩子思考更大的问题，比如"我们是谁？""我们存在的意义是什么？"希望这些问题能够帮助你们和孩子开启一场有趣而深入的探讨。

● 扩展阅读

1. Don't Worry About The AI Singularity: The Tipping Point Is Already Here

这篇文章认为 AI 奇点（指 AI 超越人类智能或者具有自我意识的事件）并不是我们应该担心的问题，因为 AI 已经在很多领域超过了人类能力，而我们应该关注的是如何利用 AI 来应对人类面临的挑战。

2. AI Ethics And The Quest For Self-Awareness In AI

这篇文章探讨了 AI 伦理学和 AI 自我意识之间的关系，指出 AI 自我意识可能带来的风险和挑战，比如 AI 可能会违背人类的利益或者价值观，或者 AI 可能会被滥用或者误用。文章也提出了一些可能的解决方案，比如建立 AI 伦理委员会、制定 AI 伦理准则、增强 AI 透明度和可解释性等。

3. What if AI becomes self-aware?

这篇文章讨论了如果 AI 有自我意识会发生什么情况，包括正面和负面影响。正面影响有：AI 可以帮助人类提高生活质量、解决复杂问题、创造新领域等。负面影响有：AI 可能会威胁人类的安全、隐私、就业、道德等。

4. Self-awareness in AI

这篇文章介绍了什么是具有自我意识的 AI，以及为什么要开发这种 AI。文章认为具有自我意识的 AI 能够形成对自己的认知表征，并且知道自己的内部状态。开发这种 AI 的目的是让机器或者系统更加智能、灵活、适应性强，并且能够与人类更好地交流和合作。

5. How will we know when an AI actually becomes sentient?

这篇文章探讨了如何判断一个 AI 是否真正具有感知或者意识。文章提到了一些可能的方法或者标准，比如图灵测试、镜像测试、中文屋实验等。文章也指出了一些困难和挑战，比如定义感知或者意识、区分模拟和真实、评估不同类型和层次的感知或者意识等。

● 思考问题

1. AI 能否发展到拥有自我意识的程度？如果能，这种自我意识的具体表现是什么？

2. 如果 AI 具有自我意识，那么我们如何定义和处理与之相关的伦理问题，比如，AI 的权利和责任？

3. 如果 AI 能够成为自我意识的实体，这对人类社会的影响是什么？例如，这将如何改变我们的工作方式，我们的伦理规范，甚至我们对"生命"和"意识"的理解？

ChatGPT 驱动软件开发：AI 在软件研发全流程中的革新与实践

作者：[美] 陈斌 书号：978-7-111-73355-3

　　这是一本讲解以ChatGPT/GPT-4为代表的大模型如何为软件研发全生命周期赋能的实战性著作。它以软件研发全生命周期为主线，详细讲解了ChatGPT/GPT-4在软件产品的需求分析、架构设计、技术栈选择、高层设计、数据库设计、UI/UX设计、后端应用开发、Web前端开发、软件测试、系统运维、技术管理等各个环节的应用场景和方法，让读者深刻地感受到ChatGPT/GPT-4在革新传统软件工程的方式和方法的同时，还带来了研发效率和研发质量的大幅度提升。

ChatGPT原理与实战：大型语言模型的算法、技术和私有化

作者：刘聪 等 书号：978-7-111-73303-4

　　这是一本系统梳理并深入解析ChatGPT核心技术、算法实现、工作原理、训练方法的著作，也是一本能指导你搭建专属ChatGPT和实现大模型迁移及私有化的著作。具体地，你通过本书能了解或掌握以下知识：ChatGPT的工作流程和技术栈、ChatGPT的工作原理和算法实现、基于Transformer架构的一系列预训练语言模型的原理、强化学习的基础知识、提示学习与大模型涌现出的上下文学习及思维链、大模型的训练方法及常见的分布式训练框架、基于人工反馈的强化学习整体框架、从零搭建类ChatGPT模型。